Chiisana Kenchiku | Kengo Kuma

CHIISANA KENCHIKU
by Kengo Kuma
© 2013 by Kengo Kuma
First published 2013 by Iwanami Shoten, Publishers, Tokyo.
This simplified Chinese edition published 2017
by Shandong People's Publishing House, Jinan
by arrangement with the proprietor c/o Iwanami Shoten, Publishers, Tokyo

小建筑

隈研吾

前言
始于悲剧的建筑史　　隈研吾

我总在想，从零开始对建筑进行重新思考的时候应该到了。

冒出这一念头的契机源自东日本大地震带来的巨大灾难。每当我们重新审视历史之时，往往都会发现一些至今不曾在意的、实则很重要的东西。巨大的灾难往往会改变建筑的世界，这是不争的事实。我认为，推动建筑史前行的动力并非划时代的发明或技术进步等所谓福音，而是作为生物的人类每当遭遇巨大灾难、每当生命受到威胁时，其自身具备的顽强依赖于巢穴的习性。人类的身体是奢华富贵的，这与人类动作的迟缓有关。像鸟儿或鱼类等动作迅速敏捷的生物对巢穴的依赖度是极低的。而人类是脆弱、迟缓的生物，所以人类拥有依赖巢穴的怪癖，拥有依赖建筑的嗜好。

沉浸于幸福之中的人类只会重复过去的行为，而不思考该如何前行。只有在遭遇灾难、在惨烈地倒下之后，人类才会扔掉过去的自己而开始向前行进。遗憾的是迄今为止的建筑史却对灾难视而不见。你常常可以看到，以科学或技术的发达为理由，天才个人的才能、发明和创意被当作必然结果写进建筑的历史。那真是一部"幸福"的建筑史，毋庸置疑的建筑史。如此，曾经接二连三发生过惨剧的历史就这样明快且轻率地被改编了。

但是，人类的生存环境绝非晴空万里。以悲剧为契机，发明和进步的齿轮才会开始旋转。悲剧推动着历史，这不禁让我们想起"3·11"东日本大地震[①]。在那一刻，以往一幕幕灾难鲜活地浮现在我们眼前。于是，人类如何应对那些悲剧的场景就会清晰地浮现。

里斯本大地震

在众多灾难之中，最大的惨剧当属发生在 1755 年 11 月 1 日令整个欧洲陷入恐慌的里斯本大地震（图1）。当时的世界人口只有 7 亿，而死者竟达 5 万～6 万。如今世界人口达 70 亿，与"3·11"死者达 2 万相比，那个时代人们所承受的打击之大是可想而知的。当时人们甚至已经感觉到"上帝终究放弃了人类"。

图1　1755 年里斯本大地震

---

① 译者注：指 2011 年 3 月 11 日发生在日本东北部宫城县以东海域的大地震。

里斯本大地震从各种意义上说已然成为世界史的一个转折点。甚至有人这样说："所谓近代，以这场悲剧拉开了序幕。"

从"不能依赖上帝"这一危机感中诞生了启蒙主义，也诞生了自由、平等、博爱的思想，这些都与30年后的法国大革命密不可分。哲学家伊曼努尔·康德（Immanuel Kant）就因这场大地震备受打击，开始涉足地质学研究，甚至著书立说。出身于虔诚耶稣教家庭的康德，一方面承认上帝存在的普遍真理，一方面也开始对"悟性"这一人类所拥有的客观能力有了认知。而这一切均可理解为那场"不能仅仅依赖上帝"的震后情感所致。有人说，上帝陨落之后，取而代之的是近代科学，而产业革命等所有这一切正是里斯本大地震的产物。

从空想到现实

在一切变革中，建筑界的反应是最快的。如果上帝无法守护人类，那么就必须自己守护自己。这样想着，首先在人们脑海中浮现的便是作为巢穴的建筑。这是生物面临危难时的本能。因此，多数人自然马上想到应该构筑既可抵抗地震也能抵抗火灾、坚固而合理的建筑。

感觉敏锐的建筑家很快就绘出了新型建筑图纸。法国一群建筑家描绘的作品很有冲击力。这些作品在今天看来依旧是那么异样，因此这批建筑家当时被赋予了一个听起来似乎带有辱蔑意味的称呼——"幻视者"。

此前，在那个"依赖上帝的时代"，建筑一直由古典主义和歌德式[①]这两

[①] 译者注：也称"哥特式"。

种建筑风格所支配。以古希腊、古罗马建筑风格为基础，进化、传承的古典主义建筑是一个拥有繁杂规则的集合体。首先，要有五种设计各异的柱子（多立克柱、爱奥尼柱、科林斯柱、混合柱、塔司干柱），它们被称为"五种柱式"（图2），并且规定如果是具有某种功能的建筑（例如银行），那么就该使用相应的某种柱式。再者，所有装饰均与这五种柱式相结合，并拥有各自不同的意义。

图2 古典主义建筑的五种柱式。摘自《维特鲁威的建筑书》

罗马帝国的终结迎来了基督教掌管实权的中世纪时代。在这期间，在古典建筑关键词"柱子"这一垂直性极强的要素基础上，歌德式建筑极大地推动了令人叹为观止的精巧建筑的不断发展（图3）。中世纪的教堂建筑几乎无一例外地采用了歌德式，因为这种建筑本身即对上帝信仰的强有力表现。神像以及独特的装饰覆盖了整体建筑，建筑上的所有装饰、所有细节都是以赞美上帝为目的的奉献。

于是乎，新古典主义者打算首先从这一花费了相当长时间才搭建好的规矩中摆脱出来。在他们眼里，为了坚固、合理的建筑，任何多余的装饰都是毫无必要的，而决定装饰的规矩以及惯例就更不需要了。要想替代柱式和装饰并且达到坚固、合理的建筑目的，他们的设计只需要依赖几何学（图4）。

诚然，在当时他们也有无法逾越的极限。无论是混凝土还是钢铁都不是他们可以随心所欲利用的。他们仍受制于堆砌石头或砖瓦这一技术上的限制。你

图3 歌德式建筑（米兰大教堂）

图4 新古典主义学派路易·布雷的牛顿纪念堂设计草案（1784年）

只要仔细观看那些作品的细节就会知道，那里描绘的依旧只是石头和砖瓦堆砌出来的"古老时代"的建筑。而剥掉建筑的装饰，修整建筑的形态是他们唯一可以做的。也就是说，要想尽情地利用混凝土和钢筋去修建那种拥有长方体、球形、圆筒形等几何学形态的建筑，并且达到建筑的坚固与合理程度，他们不得不等待100年以上。

100年之后，里斯本大地震引发的现代科学技术变革以及产业革命等所有成果终于达到一个新的水平，实现了他们曾经的梦想。是的，否定上帝、赞美人类的知性、坚固且合理的建筑终于出现了，这正是他们当年最想做的。以纯几何学为基础的造型和以数学为基础的合理结构计算造就了 20 世纪的现代建筑（图 5、图 6、图 7）。应该说，就预见性而言新古典主义建筑家们正是现代建筑的鼻祖，是现代建筑的"父亲"。

上：图 5　萨伏伊别墅（勒·柯布西耶，1931 年）

中：图 6　钢筋混凝土结构的写字楼方案（密斯·凡·德·罗，1922 年）

下：图 7　弗里德里希大街写字楼方案（密斯·凡·德·罗，1921 年）

伦敦大火和拿破仑三世的巴黎

除了里斯本大地震，还有其他一些让人们陷入无限恐慌的灾难也促使建筑发生了改变。例如 1666 年的伦敦大火。大火之前的伦敦是一个由低矮木制建筑所覆盖的城市。建筑家克里斯托弗·列恩（Sir Christopher Wren）领衔重建了被烧毁约 85% 街区的伦敦，他提议用砖头修建永不被烧毁的伦敦。于是，中世纪那细长街道编织的伦敦从此成为现在砖结构建筑林立、广场和大街井然有序的伦敦。

以崭新的伦敦为模板修建起来的城市是现在的巴黎。拿破仑下台后，第一共和政权因担心拿破仑时代卷土重来，于 1846 年至 1848 年将拿破仑的侄子也就是拿破仑三世幽禁在伦敦。与当时仍处在中世纪脏乱、繁杂的巴黎相比，伦敦看上去已经十分明亮整洁，而且城市布局十分合理。

拿破仑三世回国后，在拥戴拿破仑时代的支持者的帮助下重掌政权，并任命才华横溢的政治家乔治－欧仁·奥斯曼男爵（Georges-Eugène Haussmann）出任塞纳区行政长官，在 1853 年至 1870 年这短短的 17 年间，欧仁·奥斯曼将巴黎彻底改头换面。改造后的巴黎，一扫中世纪残留的狭窄街区的形象，林荫大道与纪念碑高耸的广场相连。在大街的正面耸立着方尖柱等样式的纪念碑以及歌剧院样式的地标性建筑。面向大街的是井然排列、高度相差无几、经过严格规范设计的中层建筑群。整齐划一的街区，将街道尽头矗立的方尖碑以及歌剧院的地标性作用发挥得淋漓尽致。那里的建筑如同军人的列队，排列整齐宛如墙壁，在它们的对面矗立着独特的建筑物。那个由弱不禁风、脏乱不洁的"小建筑"七拼八凑起来的城市终于实现了向"坚固且合理的大都市"的蜕变。

这样的城市对治安也十分有益。在以往纵横交错的狭窄区域内有许多隐蔽的空间，就连拿破仑三世也知道自己曾在那里受到恐怖袭击。现在终于建成了拿破仑三世所希望的那个既坚固又合理，而且相对安全（对他而言）的城市。

　　坚固且合理的城市随后成为全世界城市的榜样。宽敞的大街和广场，还有不会燃烧的建筑，这样的城市规划思潮开始蔓延到全世界。当时将"弱小肮脏的世界"变成"既坚固又合理的大世界"已然形成一股可怕的趋势。

芝加哥大火和摩天大楼

　　加速上述趋势的另一个灾难是1871年10月8日发生的烧尽800公顷、造成10万人无家可归的芝加哥大火（图8）。

　　灾难于何时发生、发生在哪里，这对灾难本身而言具有决定性意义。就在耗时5年之久的南北战争（1860年~1865年）终于落下帷幕之际，就在人们迎接一个崭新的美国到来之际，美国北部中心城市芝加哥却出现了800公顷的荒芜大地。芝加哥市从此禁止木结构建筑，由于极力推行砖结构、钢结构建筑，不会燃烧的"坚固且合理的巨大建筑"以惊人的速度拔地而起。不仅如此，1853年拿破仑三世的巴黎与1871年的芝加哥城市规划之间还存在一个决定性的差异。在欧洲历史名城巴黎，对建筑高度有着严格的限制（图9），而在作为西部开发源头的芝加哥，这一切限制均不存在。只要建筑技术允许，不管修建多高的塔都是可以的。再加上大火之前发明了电梯，人们从此掌握了无须跨步、想攀登多高就可以攀登多高的手段。世界第一座装上电梯的豪沃特大厦（Haughwout Building）于1856年建于纽约（图10）。

　　几种条件的重合叠加，使得芝加哥刮起了一股建造摩天大楼的风潮。钢铁

图 8　1871 年芝加哥大火

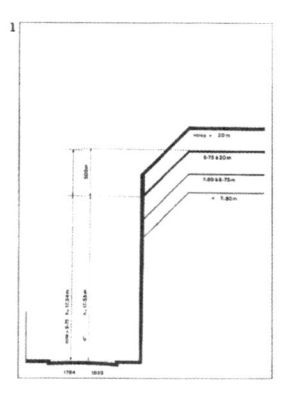

图 9　欧仁·奥斯曼制定的巴黎建筑物高度限制。严格规定面向大街的楼宇高度需根据街道宽幅而定。

图 10　位于纽约的豪沃特大厦（Haughwout Building）

图 11　代表芝加哥学派的诚信大厦（Reliance Building）

技术在高层大厦需求的刺激下得到了迅猛发展，这让芝加哥从"低矮木结构建筑"的城市一举变成"中高层、不会燃烧"的城市（图 11）。一个"坚固、合理而且是巨大建筑"的时代到来了。

芝加哥学派和大型建筑

这一时期在芝加哥建造的以重视功能为核心的中高层建筑被称作"芝加哥学派",并成为之后20世纪新古典主义建筑的先驱。因芝加哥"摩天大厦"这一新型建筑的飞速发展,纽约自1910年开始也掀起了建造高层建筑的风潮。其高峰期以克莱斯勒大厦(Chrysler Building,1930年落成)、帝国大厦(Empire State Building,1931年落成)为代表,于20世纪20~30年代迎来一个超高层建筑时代。

那个年代的纽约和芝加哥一样,限制大厦高度的法规尚不健全。只要限定了用地面积的四分之一,高塔可以无限制地增高。而事实上,楼层增高,所需电梯的数量就要增加,办公室的可利用面积就要减少,因此就经济效率、技术边际而言,超高层建筑的高度必须有一定的限制,不可能无止境地高上去。也正是这个原因,帝国大厦(建成时的高度为381米)在直到1972年世界贸易中心大厦(高度411米)竣工前的40年间,一直保持着"世界第一高楼"的美誉。

人们总是羡慕巨大的建筑。1929年经济大萧条的爆发虽然让超高层风潮略有收敛,但是之后,世界对"坚固、合理且巨大的"建筑依旧保持着美好的向往。比如20世纪中叶的纽约,80年代泡沫经济中的东京,90年代以后的北京、上海,还有因石油获利的阿拉伯国家。不同的年代,不同的城市,在经济活动中心地区矗立起一座座高塔。虽然各自的外观随时光推移发生着微妙的变化(图12、图13、图14),但它们呈现和表露的潜意识精神却是相同的。

自里斯本大地震丢失了上帝之后,人们不离不弃地追求着坚固而合理的大型建筑。每当遭遇巨大灾难之后,这种倾向就愈加强烈。谁都知道,高大建筑

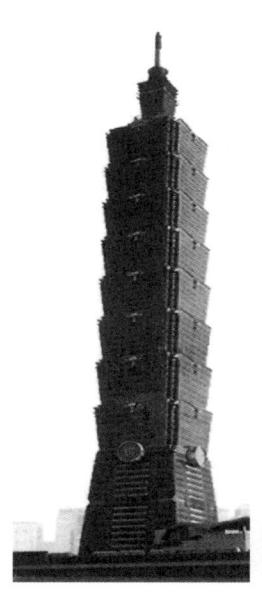

右上：图 12 纽约的西格拉姆大厦（高 158 米，1958 年建成）
左上：图 13 台湾 101 大厦（高 508 米，2004 年建成）
右下：图 14 迪拜的哈利法塔（高 828 米，2010 年建成）

未必就与建筑的安全性一致，但人们追求坚固合理的大型建筑的心情非但没有改变，反倒愈来愈强烈了。

关东大地震和东京的变迁

最让人遗憾的是，日本也被里斯本大地震之后掀起的那股追求坚固、大型建筑的浪潮所吞没。关东大地震（1923 年）之前的东京，曾是一座木结构平房或两层小楼林立的低矮建筑城市（图 15）。木结构建筑与混凝土或钢结构建筑

图 15　关东大地震之前的"小"东京（明治二十一年左右）

相比，既不坚固也不算合理，当然也不高大。木结构建筑从各个方面来说，受木材这一自然要素的制约，不仅长3米以上的材料很难买到，粗10厘米以上的材料也很难买到，所以这类建筑一直受自然这一绝对条件的束缚。

然而，也多亏这个制约的束缚，因为木结构建筑能够提供相当人性化的空间。每隔三米一根细细的柱子，高度被很自然地控制在二层以下。这并不是迫于人为法规所致，而是因为在大自然这一绝对条件下只能造出"小建筑"。

大自然要建筑小一些，而人类的智慧却要建筑大一些。这种来自大自然的制约曾让东京成为世界稀有的美丽城市。尽管这是一个罕见的高密度城市，但东京因树木繁多依然显得温馨而且柔美。也可以说，木材的制约造就了这个城市的美好生活。

但是，关东大地震造成了10万人死亡，罹难者主要死于火灾。和伦敦大火、芝加哥大火一样，木材建造的城市造成了10万人死亡。《建筑基准法》也因此立即得到修改。东京从此脱胎换骨，成为一座坚固合理的大型建筑林立的城市。替代树木的是混凝土和钢铁这些日本人并不熟知的素材，东京那个人性化的空间从此被丢弃了。东京的"小"不见了，她在以惊人的速度变丑。由于混凝土和钢铁这些欧美发明的材料进入东京，这里被复制的欧美建筑所淹没，一步步沦落为一个丑陋的"大"城市。

"3·11"东日本大地震和小建筑

日本在崇拜"大"的潮流过程中，终于迎来了2011年3月11日。那是一场前所未有的灾难，是一场巨大的悲剧。但是，我能察觉到这场大灾难与里斯本大火之后发生的灾难有着本质的区别。

　　一句话，就是让人感到无论你把建筑做得多么"坚固、合理、巨大"，终究无法和这种大灾难抗衡。我们遭遇的海啸，其力量的强烈程度是压倒性的。试想一下，如果在大海旁边建造一座超高层公寓，那简直令人不寒而栗。灾难告诉我们，即便是钢筋混凝土的建筑，在大自然的力量面前，或曰在大自然的怒吼面前，你渺小得什么都不是。

　　海啸过后的核电事故更是嘲笑般地将"坚固、合理、巨大"建筑的软弱无力摆在我们面前。即便是混凝土和钢铁修建的既坚固又合理的建筑在核能面前依然毫无招架之力。可以说，推崇"坚固、合理又巨大"建筑的过程让我们过分依赖核电。甚至可以说，如果没有核能这把人工"大火"的帮助，自里斯本大火之后这种潮流的加速度是无法继续下去的。

　　的确，促成这一潮流飞速发展的"那个东西"十分脆弱，这是"3·11"东日本大地震教给我们的。无论人类建造了多么坚固、合理、巨大的东西，在大自然面前都显得如此软弱无力。显然，我们推崇的那个坚固、合理、巨大的程序本身从内部出现了破绽。

　　是时候了，应该从零开始修正我们的思维。茫然地眺望着那本该坚固合理的建筑物，它们却因海啸而随波逐流，我们不禁感慨，某些东西终归要结束，某些东西终归要开始。

预　兆

　　这一天终究会到来，人们似乎在很久以前就曾有过这样的感觉。"坚固、合理且巨大"的建筑其实毫无魅力可言，对此人们很早就这样想过。所以朦胧中才会讨厌那种"盒子式"的建筑，才会去嘲笑超高层建筑是多么落伍，才会去嘲笑那是有钱人为了炫耀而建造的东西。远在大地震和海啸来临之前，如同动物可以预知将要发生的灾难那样，人们已经预知一个新的时代即将来临。

我对"小建筑"的兴趣也许就是这些"预知"中的一个吧。用混凝土和钢材建造"坚固合理的大型建筑"并不是我的喜好。我认为"小建筑"更有情趣。而且"小建筑"可以利用身边现成的材料，自己动手进行拼装，乐趣十足。

所谓"小建筑"应该是自立的、可独立生存的，无需政府给予基础设施支持。如同生物自己动手筑巢，且巢穴无需电力、无需水管、更无需煤气一样，这种"小建筑"应该是自立的。如果你能领悟这样的道理——无论怎样依赖那些公共基础设施，于现实社会中它终归无法做到令人满意，那么很遗憾，我的预感真的应验了。

既然是追求"坚固、合理、巨大"的东西，那么配套的基础设施就必须完备，于是我们知道其结果，这些基础设施必定是过度肥大的。随着人工技术的积累叠加，基础设施网络逐渐扩张，从而覆盖全国。但是，这种人工网络又是极其脆弱的、完全不可靠的。这种人工网络不断堆积的结果，让我们知道它如同沙滩上的阁楼。因此，我的兴趣开始转向无须依赖所谓基础设施的建筑物，转向可以直接与大自然对话、可以直接依托自然能量、可以自立的"小建筑"。

自20世纪末开始，各种自然灾难接踵而至。印度尼西亚的海啸、美国的飓风、发生在意大利或中国乃至海地的大地震……有地震学者曾指出，20世纪其实是个灾难较少的特殊时代，今后地壳将再次开始频繁活动。我曾接到邀请，希望我设计一座足以应对大灾难的避难建筑，诸如此类的以避难建筑为主题的展览会我也参加过多次。本书介绍的"小建筑"中就有几个曾经参加过展览。

以这样的心态回顾从前，我们会发现"预兆"曾多次出现。有人曾反复警告我们"不要忘记大自然的恐惧"，"越是巨大的就越是危险和脆弱的"。在计算机世界里，"小型计算机"自20世纪70年代起就已经作为一个庞大体系取代了"大型"系列。反观我们的建筑和城市规划领域，这里的动作实在是太迟缓了。如今，世界已经开始从庞大走向微小。人类这一生物正试图用各自的双手与整个世界抗衡。

人们已经开始试图改变，以摆脱过去单纯阻止某个庞大体系（例如核能）这一被动存在的状态，正试图一步一步去实现亲自筑巢、亲自获取能量这一主动存在的蜕变。我欲尽一点微薄之力，于是孕育了这里要描述的"小建筑"。

目　录

001　　始于悲剧的建筑史（前言）｜隈研吾

019　　**积　垒**

021　　小单位

025　　水　砖

036　　小住宅——水枝

046　　流淌、自立的建筑

055　　**倚　靠**

057　　倚靠在强大坚实的大地

062　　生物建筑——铝材和石头的"倚靠"

078　　蜜蜂的秘密——蜂巢孕育的空间

097　　**编　织**

099　　编织木材——"千鸟格"的工艺美术馆

114　云一样的建筑——编织瓷砖
126　Casa Per Tutti（你我的家园）
　　　——从富勒的圆顶建筑到伞形穹顶建筑

141　**膨　　松**
143　法兰克福的膨松茶室
151　让空间回旋、舒展

164　**后　　记**

166　**图表出处，照片摄影者一览表**

积 垒

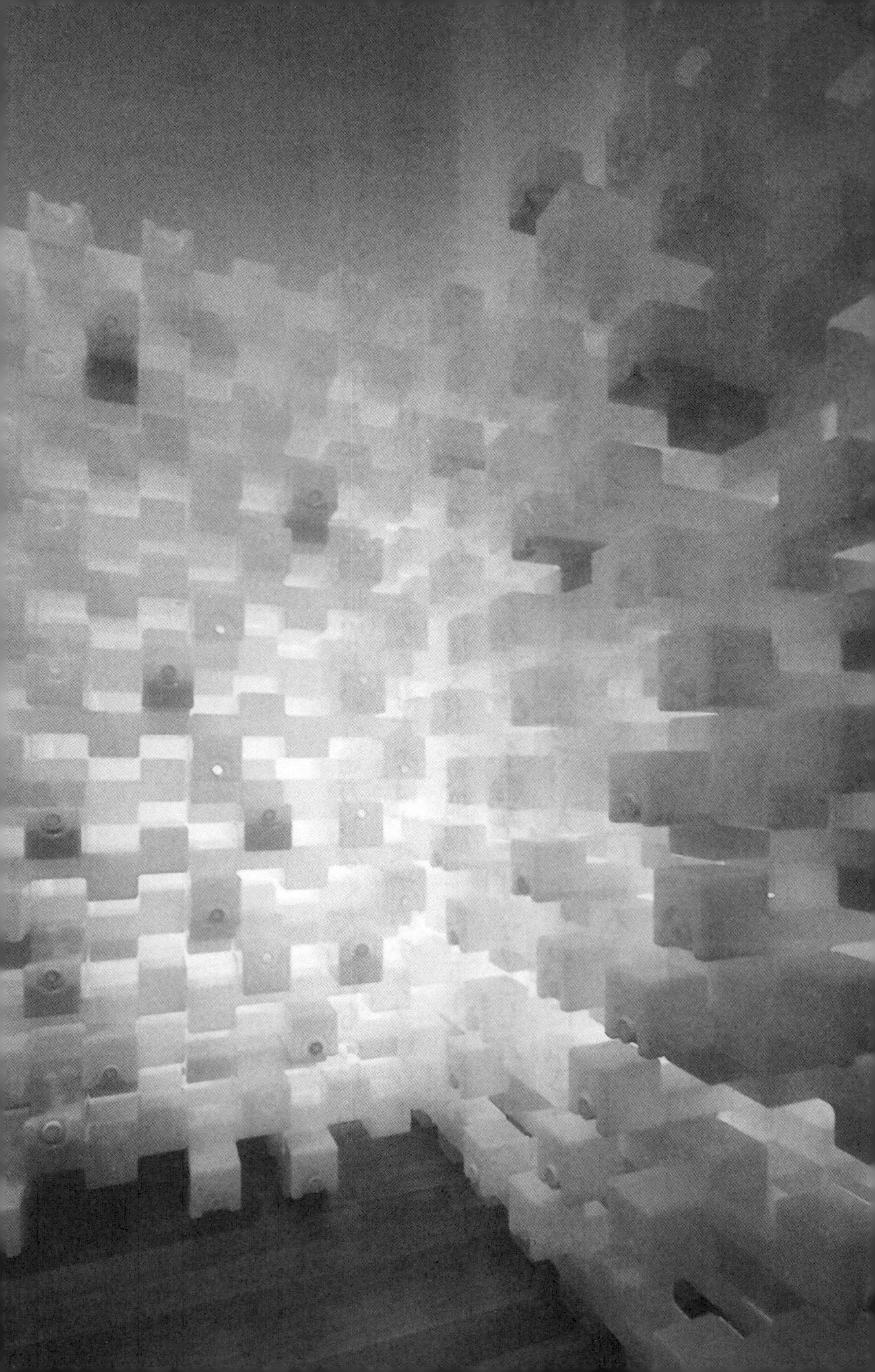

小单位

对庞大体系的质疑

用一句话阐述本书的目的，那就是探索"个体弱小的存在"与世界这一"无穷尽巨大的存在"之间进行舒缓、和谐交融的方法。的确，原本所有科学技术产生的出发点是为了将世界与我们自身有机融合。里斯本大地震（1755年）之后的科技正是为了达到这一目的而搭建的一个"巨大体系"。与此同时人们也通过里斯本大地震知道了自身的软弱，于是开始依赖于"坚固、合理且巨大的建筑"。人们要构建一个内含多层次的巨大体系，并倾心依赖它。这一巨大体系不断升级，无法停歇。用信息世界的话说，这就是一个以大型计算机为基础的阶层设计（金字塔式等级组织）体系。用空间世界的话说，它将超高层建筑或巨大盒子式建筑所代表的"巨大建筑"作为一种媒介，欲将渺小的人类和庞大的世界相融合。是的，风标转向巨大建筑，而一旦大船转舵，事态的发展就欲罢不能了。

20世纪前叶，整个世界都在为体系的庞大而疯狂。但是，20世纪后期，"巨大的体系""巨大的建筑"并没有给人类带来一丝幸福，人们一点点地觉醒了。如果说曾经期盼的"巨大的体系""巨大的建筑"可以让人类完美地与世界融合，那么现在恰恰相反，人们开始意识到，它如同切入人类与世界之间的一个异物，阻隔了人类与世界的关系，并将人类幽禁于这个体系之中。

在20世纪60年代的信息领域，几个人共享一台昂贵的被称作"Mainframe"（主机、大型机）的大型计算机是相当平常的事。但到了70年代，价格低廉、面向个人的电脑出现了。例如，1970年被誉为"个人电脑之父"的艾伦·凯（Alan Curtis Kay）参与组建了施乐公司的帕罗奥图（Palo Alto）研究所，并与他人合作开发、研制了第一代被称为"Dynabook"的个人笔记本电脑。据说，后来乔布斯参观了帕罗奥图研究所，在了解艾伦·凯的工作后大受启发，这才有了1976年在车库研制的第一代苹果电脑，第二年苹果电脑上市销售并大获成功，实现了计算机从"大型设备"向"小型设备"的华丽转身。

小单位

就空间而言，无论"小型设备＝小建筑"是什么形状，它都是连接世界与人类的。

因此，究竟何谓"小"是我们不得不去思考的问题。将"巨大建筑"进行简单的微缩是无法建成"小建筑"的。也就是说，将100米高的混凝土结构超高层建筑缩小到10米高，那你看见的东西绝不能被称为"小建筑"。"小建筑"对我而言必须是拥有各种意义的、就在身边的、触手可及的，并且一定是轻快愉悦的存在。在寻找如此小的、如此好的、如此可爱的东西时，首先应该思考的问题是如何去发现一个人即可操纵的"小单位"。所谓"小建筑"，其实就是"小单位"。需要明确的是，它的整体并不小，而是其单位的小。单位太大或太重将导致微小无力的我们无法承受。

这就如同修建金字塔的巨型石料摆在你眼前，对我们个体而言是无所适从的。因为将1米见方的石料作为单位实在太重了，令人无可奈何。用这样的石材，你无法将自己与这个世界相连。但是，单位太小也是不可以的，因为操作起来很难。乐高（LEGO）拼砌玩具的尺寸适合制作小玩具，但是要用它建造将身体纳入其中的建筑就绝非易事了。与人的身体尺寸相比，乐高作为单位太小了。所以，尺寸的大小是相对的，必须寻找适宜的小单位。

中华料理的尺寸控制

对身体而言，什么才是恰到好处的"小"呢？思考这一问题，可以将烹饪技巧作为一个参考。这似乎与建筑毫无关系，但这里所指的却是烹饪材料的大小问题，即食材要切的大小尺寸对我们理解单位的大小非常有帮助。一片肉，它是连接自己和世界的媒介。肉片切的太大当然难以入口，但切的太小又无法获得身心的快感，是的，都不会让你觉得好吃。

在食材尺寸的问题上，最敏感纤细的要数中华料理了。在中餐中，不管食材的种类如何，一道菜所用的食材均须依照相同的切法去做，这是大原则。例如，青椒肉丝这道菜，使用的食材不管是牛肉、青椒或竹笋都要切成细丝。还有腰果鸡丁这道菜，一粒腰果是这道菜的食材标准尺寸，由此来决定鸡肉以及蔬菜要切成的大小尺寸。

这一尺寸控制用建筑术语表述就是材料尺寸的构件标准化、规格化。所以，无论什么食材，通过尺寸的标准化，它们入味均一，无论什么食材放在嘴里，都可以用一样的强度咀嚼，可以很顺利地通过食道进入胃里。因为在什么都看不见的嘴里，要想用牙齿和舌头去分别咀嚼食材是件相当困难的事。然而，通过统一的食材尺寸即可顺利将身体与世界连接，这是中国人用了很长时间发现的。或许可以这样说，正是因为这个发现，中国菜才成为世界第一的菜肴。只要你能遵守这一构件标准体系，即便不是烹饪达人，做出的美味菜肴依然可以达到一定水平。可以简单地做出身体容易享用的、具有一定水准的菜肴。从这个意义上讲，中国菜是开放的料理，是民主的料理，是我所说的"小料理"。

砖是单位

就建筑史而言，寻找一个适宜的单位尺寸曾经一直是它的核心课题。尤其在 19 世纪之前以手工业为中心、极少使用机械设备的建筑施工中，追求一个让人体容易掌握的单位尺寸是最迫切的课题。

经过"过大"或"过小"的不断探索，结果一个人甚至一只手就可以操作的普遍性极高的"砖"这一建筑材料得到了普及（图 1）。也就是说，砖曾是 19 世纪以前西方建筑体系的根基，是支撑这一体系的 OS（操作系统）。在 20 世纪强有力的混凝土和钢筋这一 OS 登场之前，砖具有绝对的人气，即便在中国也有很多砖结构的建筑（日本则是 1850 年佐贺藩反射炉之后的事）。砖，跨越了大洋东西两岸，是开放的 OS。

不可否认，砖拥有身体容易掌控的大小和重量。但是，如果能有一种可以自由改变重量的砖该有多好呢。某一天，我看见道路施工现场使用的聚乙烯塑料水马（容器），这让我眼前一亮。这种"塑料

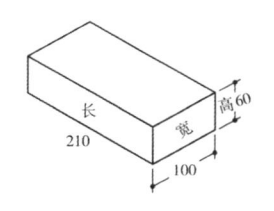

图 1 砖的标准尺寸（mm）

水马"可以根据注入的水量调整重量（图2）。真可谓"重量可变的砖"。放掉水即可轻松地搬运到施工现场，安放在现场后将水注入增加它的重量，即可成为风吹不倒的路障。使用之后，只要放掉水就可以了。可随意将注入的水泼洒在道路上，这是塑料水马的"聪明"之处。

在这一瞬间，我想到制作一个和施工所用塑料水马相同原理的"水砖"用于建筑。首先将空心的砖堆砌成一堵墙，完成

图2　道路施工使用的聚乙烯塑料水马

后注入水增加重量，只要墙的上半部没有水，保持轻量，就可形成一个稳定、合理、舒适的结构体系。

水　砖

单位的连接方法

最初的试制是将乐高模块的形状按原样直接放大，成为乐高式塑料模块。因为是塑料容器，只要加装一个盖子就可以注水和放水，十分简便。关键是相同塑料模块之间的"连接方法"。那么，作为单位的砖块该如何结合在一起呢？

这正是此类"积垒"型"小建筑"的一道难关。

在砖块与砖块之间抹上由水泥和沙子混合而成的"灰浆",可以起到黏合剂的作用。灰浆凝固之后砖块与砖块就黏牢了。无论是石头还是砖块,从前都是使用灰浆来固定的。这种做法的确可以起到固定的作用,但最大的缺点是无法推倒重来进行返工。生活中是不是经常会遇到这样的事,忽然想改变一下墙的位置,这真是人类浮躁不安的宿命。但是,就算你认为摧毁用砖砌成的墙并不难,可实际上要想摧毁砖块与砖块之间用灰浆铸成的坚固可不是简单的事。

是的,从一开始混凝土结构墙壁的存在就是一种无法挽回的极致。这世间,总有人将"无法挽回"错以为"强大",所以推崇混凝土巢穴的人也是有的。不过,我反倒认为"无法挽回"这一强迫性时间感是令人无法容忍的,所以我要寻找更加愉悦的、可以摧毁的"小建筑"。因为当砖块和灰浆紧紧黏合在一起时,那将意味着失去一切。当然,就算砖块拥有一个外行人也容易操作的"可爱"尺寸,但如果灰浆的黏着力依旧是一个障碍的话,恐怕还是不能称之为"小建筑"吧。

图3 水砖模块的原型——注水的塑料乐高式模块

这让我想起了乐高式的连接模式。每块乐高上都有凸起和凹陷,将凸起嵌入凹陷,两块乐高就可以相连,形成十分牢固的连接结构(图3)。用这一要领去堆积,就可以简单地搭建一面墙。如果想破坏它,只要分离凸凹就可回到零散的块状。这种"可以挽回"的随意连接模式与"小建筑"十分吻合。

可以挽回的体系

日本的传统建筑也基本属于"可以挽回"的连接体系。不用钉子和黏合剂，将柱子和房梁等进行材料与材料之间的组装，这一连接体系在日本早已十分发达。这种凹凸组合的连接方式在日本被称作"印龙"①方式（图4）。正如大家所知，这个词出典于"水户黄门"的印龙（图5）。诸如房间的隔扇或推拉门等这类可移动的空间隔断其实也是一种"可以挽回"的建筑装置。

不仅如此，令人吃惊的是就连建筑内部的柱子位置也可以自由改变。由于竖立着很多根细细的柱子，即采用"柱子群"来支撑建筑的结构体系，所以它可以改变柱子的位置。日本的住宅，古往今来都是可以"变更布局"的——用今天的话说就是可"翻新"的，而"变更布局"已经不再停留在更换壁纸的水平了，如今甚至大胆到去移动柱子的位置了。这对于追求"坚固合理"的西方现代建筑结构体系来说，是不可想象的。是的，日本这一高层次且富有弹性的柔美体系的确早就存在了。相反，要想移动使用石头、砖块、混凝土等修筑的

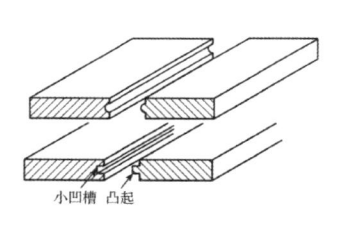

图4　被称作"印龙"的连接体系　　　　图5　水户黄门的印龙

---

① 译者注：日本的"印龙"是指用来盛放印章、印泥的盒子，后来也作为携带药品的圆角长方形盒子。

"坚固"柱子根本不可能。可以说，正是这一根一根直立的"软弱"柱子支撑着日本的结构体系，这使得人们根据生活变化去自由自在地移动柱子成为可能，而造就这一可能的正是所谓"可以挽回"的印龙连接模式。

连柱子都可以移动的日本传统木结构体系似乎预示着一个未来，我甚至觉得它就是先锋派建筑体系。早在20世纪初，现代主义就已经对石头和砖块构建的沉重且"无可挽回"的建筑给予否定，提出了建筑的可塑性（柔度）主张。除去竖立的细钢材，站在这一主张最前沿的大师密斯·凡·德·罗（Ludwig Mies Van Der Rohe）将可自由转换位置的"空间划分"称为"通用空间"[①]（universal space）。图6是其代表性作品——巴塞罗那的德国展馆。通用空

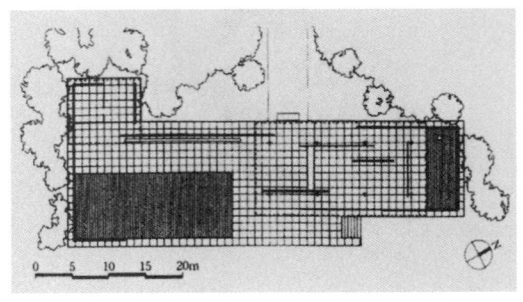

图6 巴塞罗那的德国展馆（密斯·凡·德·罗，1929年）

---

① 译者注：也有人译为"流通空间"。

间成为 20 世纪写字楼的模板，并很快普及全世界。但是，当时密斯流派的通用空间概念并没有考虑移动柱子的位置。因此，我认为当柱子依旧是"标准"时，空间划分的自由移动这一密斯流派的通用空间概念只能说还停留在西方式的"我思故我在"阶段。所谓西方式的"自由空间"，首先要确定标准这一坐标，之后才有"自由"。但至少，在日本是没有所谓标准这一概念的，因为就连柱子都是可移动的。所以我说，这一超越西方式、更加暧昧得体、难以言表的"自由"其实早就存在于日本的传统建筑之中。

Dental Show

旨在创建现代版日式可塑性（柔性）的"水砖"，即水砖模块，诞生于横滨国际和平会场，那里正在举办一个名曰"Dental Show"的有关牙科医疗器械的小型推介活动。在略显嘈杂的一个角落，最初的水砖模块问世了。

就我个人的经验来说，有可能诞生"小建筑"的地方大致有三个。一个是艺术馆，即前来参展的高品位"小建筑"。诞生在这里的"小建筑"，其出身大多是最纯粹最雅致的。第二个是大学的研究所，在这里老师利用研究经费与学生共同制作一些"小建筑"作为研究活动。这里也许没有艺术馆那样正规，也没有艺术馆那里人多，但对"小建筑"而言，这种学究式场所也算是别具氛围的、书生气的、活泼的场所。第三个就是繁华街区了。除了艺术馆和大学以外，在不少繁杂喧闹场所建造"小建筑"的机会还是蛮多的。而事实上，将"小建筑"建造在这种地方也是最有趣、最有可能实现的。很多建筑设计师忽略了这一点，坐失了创造"小建筑"的良机，从而不得不一边乏味地建造"大建筑",一边对业主和公司发着牢骚,与"大建筑"一起度过乏味无趣的一生。

2004 年 10 月,我接受了 GC 公司的委托,该公司希望我为他们在横滨国际和平会场举办的 Dental Show 上设计一栋临时小屋。于是,所有的故事从这里开始。这类可以马上拆装又只限于业内专业人士前来观赏的小屋设计,说实话对建筑家来说并没有什么太大的诱惑力。我之所以接受这个委托,皆因在横滨之后,在名古屋、大阪参展时仍可继续使用相同小屋的一句承诺,一个美妙的诱惑。

坐等,一切皆无可能

距离 Dental Show 开幕还有三个月的时间。我并不期待设计费等身外之物,因为我心中期盼已久的"可以挽回的小建筑"也许通过这次可移动小屋的委托就能实现。虽然只有三个月的时间,而且还需要前往横滨、名古屋、大阪三地参展的充足预算,但这种机会不是什么时候都有的。加上繁华街区的布展更具现实意义,突然间,思绪在我的眼前豁然开朗。

对建筑家而言,工作不是索取而是创造。无论你如何等候,红地毯是绝不会在你眼前自己铺开的。无论你怎么等候艺术馆的参展邀请,也无论你怎么等候别人给你的研究经费,绝对什么都不会发生。无休止的等待,换来的必定是日本走向一个毫无生机的寂静时代。

大街小巷到处都有各种各样的机会。换言之,即使失去了建造"大建筑"的机会,但制作"小建筑"的机会就躲藏在大街小巷之中。既有发现机会的人,也有对机会视而不见的人。这世间有两种人,一种是扔掉自尊和得失,全身心去抓住机会的人,一种是面对机会视而不见只会等待的人。而后者也只能与其他多数普通人为伍了。

第一代水砖模块

我们的团队必须在参加 Dental Show 之前的三个月里完成从设计到试样以及制作最终产品的所有工作。那么,首先需要敲定的是塑料模块的大小和形状。

作为"小建筑"的单位,姑且先将 30 厘米作为一个标准。真正烧制的泥土砖因人工搬运这一重量条件决定了自身的最大尺寸。关于重量这一点,我们倒不担心,只要是空心的塑料容器,30 厘米左右的使用起来都很方便,而且这也是灵感的源头。道路施工使用的塑料模块一般以 50~60 厘米为基本尺寸,但在 Dental Show 出展,则要求它符合既小型又足以应对其柔性的尺寸标准,30 厘米左右恰好是一个妥协点。这种与土建施工不同的纤细度正是建筑所必需的。

那么,制作 30 厘米左右的塑料模块采用何种科技手段较为稳妥呢?首先浮现在我脑海的是塑料瓶方式。因为塑料不仅可以大量制作而且价格低廉,所以应该是最合适的选择。但没有想到,经过调查得知,如果采用塑料瓶的基本技术——吹塑成型的话,最初的铸型制作费过于昂贵,仅仅为了这几百个容器选择这种制作方式十分不经济。

那么唯一的可能性,就是用便宜的铝材制作铸型,然后注入聚乙烯树脂,一边旋转一边冷却凝固,即采用旋转成型的方法。我最喜欢的那把既是椅子又否定椅子柔软形态的——潘顿椅(Panton Chair)就是用这种方法制作的(图 7)。将树脂厚薄均一地放入铸型内壁进行旋转,一边旋转一边冷却,一个一个制作的确需要花费一定的时间，但据说就我们所需的数量而言，这算是最有效率的办法了。

水砖模块的形状基本就是乐高模块的放大版。如前所述，用日本传统建筑术语说，就是用印龙的连接部分进行凹和凸的组合，剩下的就是叠加上去。摘掉或盖上凸出部分的螺口盖子，这样注水和放水都十分简单。

图7　潘顿椅（维尔纳·潘顿，1959年）

很幸运，第一代水砖模块如期在Dental Show展出。组装整整花费了一天的时间，注水后的稳定性非常好（图8）。

在Dental Show展出之后，第一代水砖还去过很多地方一展身姿。在米兰，每到春天都会举办与室内装饰相关的被称为"米兰沙龙展"的大型活

图8　在Dental Show展出的第一代水砖模块（2004年）

动①，届时全球的设计师、建筑家都会蜂拥而至。在2007年的米兰沙龙展上，为了在临时小屋放映蜷川实花导演的《错乱》，水砖模块被再次启用。这里没有大荧幕，放映方式是直接将影像投影在水砖模块的墙上（图9）。影像中，名妓那身以红色为基调、色泽娇艳的衣衫，飘落的樱花花瓣，还有每当路人经过走动就会泛起微微波纹的水砖水面，无不带给人们一种活灵活现的物质感，这些都在呈现一种美妙的和谐。《错乱》中刻画的是江户时期的名妓吉原，如同影像投射在水中一样，那画面宛如流水，不断涟漪荡漾。

重获新生的民宅

从米兰出差回来之后，水砖模块又来到高知县的一个山坳村落，即来到靠近"龙马脱藩"那条街道的梼原。坂本龙马，当年做出脱藩这个名垂青史的大决断之后，从土佐穿越宇和岛所走的那条山路地带即梼原。这里虽地处南国，但每到11月份就开始下雪，是气候条件相当严酷的高原地带。日本的山村自不用说，梼原同样有不少被遗弃的木结构民宅。我与梼原的缘分始于1990年，那年为了拯救失落的山村，当地居民曾向我询问有没有让民宅重获新生的灵丹妙药。当时，我正在庆应大学执教，于是便带着庆应大学研究室的一群城市孩子住到被遗弃的民宅。当时的设想是让学生们直接跟随梼原的工匠学习木工以及制作日本和纸的技术。把这些整日只知道面对计算机，甚至不知道真正的建筑该如何修建的学生们送到梼原，在普通民宅生活一段时间，为的是让他们能与

---

① 译者注：即意大利国际米兰家具展。

图 9 影像直接投影在水砖模块上（2007 年）

自然物质面对面。我想等他们返回东京时，那脸上的表情一定会不一样吧。再者，学生们通过自己的双手将摇摇欲坠的、连榻榻米都腐朽不堪的民宅修缮翻新成既可以居住也可以工作的场所，这岂不是最好的学习吗？

所谓空间，它不是社会或父母能够给予的，空间是需要用自己的手和脚来创造的。人只有与世界进行抗争才有可能获取空间。若置身于"大建筑"当中，只懂得设计"大建筑"的话，人类就会忘却什么才是最重要的事情。倘若安于建筑的庞大体系之中，安于体系中的某部分工作，你就会安于现状。于是，你浑然不觉人类这一渺小存在与世界这一庞大存在之间争斗的结果——获取空间的欣喜和冒犯的懊悔。去亲身体验一下围绕空间争斗这一真实感带来的残酷是我所希望的。为了整日面对计算机、一切依赖键盘按键进行创作、活在似懂非懂梦幻中的他们，我以为这场争斗是极有必要的。在他们即将进入建筑工程公司或设计事务所开始从事"大建筑"之前，在山坳严峻的大自然中，他们为获取"小建筑"的争斗就这样开始了。

带上水砖模块这种小道具，学生们一边反复地"做好了拆、拆了再做"，一边通过翻新破旧民宅不断改变着获取的空间（图10）。因为是"可以挽回"的道具，所以能够做好了拆、拆了再做，直到建成自己满意的场所为止。注入水砖的水质是让梼原人颇为自豪。不管怎样，被称为"日本第一清澈河流"的四万十川[①]就是从这里穿过流入太平洋的。就这样，健硕且柔美、可拆装的水砖从远在东京的仓库来到坂本龙马曾经迈出壮丽人生第一步的高知县山坳，开始了它新的旅程。

[①] 译者注：也被称为"日本最后的清澈河流"。

图10 改造梼原废弃的民宅。
（上图）堆砌水砖模块。
（下图）正在改造的民宅。苫布覆盖的是水砖模块。

小住宅——水枝

从纽约现代艺术博物馆开始

接下来，水砖模块在纽约现代艺术博物馆（简称MOMA）获得了新的发展。2008年我们接到了该馆希望水砖模块参展的邀请。

在现代建筑历史中，纽约现代艺术博物馆如同合页一样扭转了时代的风向，因此对建筑界而言这里是非常重要的场所。该博物馆建于 1929 年，在此之前的世界艺术中心当然是巴黎。无论是印象派还是立体派，从 19 世纪到 20 世纪初，艺术都是以巴黎为中心展开的。但是，以第一次世界大战为契机，世界经济的轴心开始由欧洲转向美国。要说经济与文化毫无关联显然是不可能的。形成一个与新的经济中心相符的文化聚焦地，并且从欧洲手中"夺取"文化的中心地位曾是纽约现代艺术博物馆成立的目的之一。

作为"夺取"的重要武器，建筑便是可利用的手段之一。用一句话来形容，以往的建筑只归属艺术的外围。那么通过把建筑作为时尚艺术中的重要领域进行重新定义，预示着美国将要在时尚艺术领域大大领先欧洲。

1932 年的时尚建筑展

纽约现代艺术博物馆成立于 1929 年。仅三年后的 1932 年，MOMA 就举办了超大规模的名为"时尚建筑"的展览会。其影响力在建筑历史上绝无仅有，甚至超出了建筑领域的范畴。所谓博物馆（美术馆）就是展出绘画、雕刻作品的场所，这在当时是一般常识性问题，因此举办建筑展览会本身就是向人们发出一个强烈的信号。它是一种挑战。它想告诉人们，建筑将在 20 世纪的艺术（时尚艺术）中承担重要职责、发挥核心作用。

出展的作品不知为什么以住宅为中心。而且陈列的多是小住宅的精巧模型。其中引起关注的是勒·柯布西耶（Le Corbusier，原名：Charles-Edouard Jeanneret-Gris）设计的萨伏伊别墅（the Villa Savoye）（图 11）和密斯·凡·德·罗（Ludwig Mies Van Der Rohe）设计的巴塞罗那的德国展馆（见

图 11 在 MOMA 时尚建筑展上陈列的萨伏伊别墅

本章节图 6）。萨伏伊别墅位于巴黎郊外，是为了在保险公司劳合社工作的白领修建的住宅。巴塞罗那的德国展馆则是为巴塞罗那博览会（1929 年）建造的德国展厅，也是为了向生活在 20 世纪的一般民众展示一种新的生活方式而制作的样板房。无论哪一个，均和以往出自所谓"建筑家"那种高傲之人设计的庞大官邸相差甚远，是非常可爱的"小建筑"。

在 19 世纪以前，欧美建筑界的主角是以巨大宫殿、歌剧院为代表的大型文化设施，住宅只不过是配角。而且即便委托建筑师设计的住宅也几乎都是规模超过标准的大型公寓。但是，在该展览会上，由建筑史学家希区柯克（Henry-Russel Hitchcock）[①]以及堪称 20 世纪建筑界最大斡旋家的建筑大师菲利普·约翰逊（Philip Johnson）[②]精心挑选的"时尚建筑展"参展作品均是年轻建筑师设计的"小建筑"作品。因此，虽然展会名为"时尚建筑展"，但实际上就是一个"小住宅展"。

[①] 希区柯克（Henry-Russel Hitchcock，1903 年～1987 年），美国建筑史学家，建筑评论家。著有 International Style（与菲利普·约翰逊合著）等。

[②] 菲利普·约翰逊（Philip Johnson，1906 年～2005 年），美国建筑家。于 1947 年在纽约现代艺术馆举办"密斯·凡·德·罗展览"，将密斯·凡·德·罗介绍到美国。

住宅问题

时代需要"小住宅",而洞察 20 世纪将成为"小住宅时代"的当然是这两位独具慧眼的展会制作人。所以第一次世界大战之后出现的"住宅难"并不是"小住宅时代"降临的唯一理由。社会学者所称的"现代家族"、一夫一妻制的小家庭出现了,并以势不可挡的速度开始蔓延,这就是 20 世纪。而就在失去地缘、血缘的人们试图通过"小住宅"来确保自己人生的安稳时代即将拉开帷幕这一绝妙时刻,"小住宅展"横空出世了。

也许你会觉得有些意外,在郊外拥有一个家应该说是 20 世纪初的一大发明。在此之前若提及"家",不是继承祖辈留下的居所就是交房租在城市找一处租赁居所,而自己买地建房等这类"狂妄"之举在当时则是仅限于大富豪才可能拥有的奢侈。

但是,20 世纪的美国发明了"郊外住宅"。为了应对爆炸式的人口剧增,美国发明了"郊外"这一魔法装置。随着"只要建造一所小小的住房,你就能幸福"这一恶魔的低声细语,人们发疯一般地开始建造郊外住宅。在碧绿的草坪上,只要修建一座雪白的"自己的城堡",就可以获取安稳的人生,得到一生的幸福,人们陷入错觉之中。

与马克思一起合著《资本论》的恩格斯早在《论住宅问题》(1872 年)中就明确提出,这种"安稳"、这种"幸福"只是一种错觉。恩格斯认为,针对劳动者的住宅私有化政策,不过是一种欺诈,它旨在让劳动者坠入并束缚于曾经的农奴以下的地位。为什么呢?因为即使劳动者拥有了私有住宅,这住宅也不可能作为资本再生出金钱,住宅将不断老朽成为垃圾。而为了最终成为垃圾的住宅，劳动者不得不持续支付沉重的按揭（房贷），这一悲剧性存在甚至超出了被束缚于土地的农奴的负担。

从住房按揭的发明到雷曼冲击

但是，美国政府却利用了这一"恶魔的低声细语"，并为那些坚信只要在郊外拥有一处居所就能幸福一生的美国劳动阶级发明了"住房按揭"制度。1937年美国成立了联邦住房管理局，开始推行住房按揭制度。"恶魔的低声细语"在此大获成功。为了获取"小住宅"，人们开始拼死工作。"小住宅"成为扩大内需的制胜手段。为此，不仅建造房屋需要施工，内装修和购买家电也成为必然。为了从"小住宅"到大城市上班还需要购买汽车代步，也就需要大量的汽油。看来"小住宅"所需的能源还真不少。获取"小住宅"的人们满足于到手的小型"私家城堡"，这也导致其政治倾向更趋保守化。

对美国政府而言，这实在是谢天谢地的好事。依仗着"住房按揭"，可以说美国已将欧洲甩在身后，并将20世纪的霸权握在手中。反观第一次世界大战之后的欧洲，替代"住房按揭"的是建设公有住房，试图以此摆脱战后住房困难的局面。劳动者通过便宜的房租可以租赁到优质的住房，但同时也由此丧失了劳动欲望，进而失去了在租赁住宅后进一步投入资金进行内装修或购买家电的欲望。这与美国式"我的家"这种大量消费型社会形成鲜明对照，一个宁静悠闲的社会在欧洲诞生了。

MOMA的时尚建筑展是为20世纪美国式新居所、新生活模式而准备的展览会。展览会大获成功，勒·柯布西耶和密斯·凡·德·罗也因此成为20世纪建筑界巨匠的最佳代表。20世纪的建筑标准样式也因这次展览会得以确定。

但是，到了20世纪末，恩格斯的预言毫无悬念地得到了验证。"小住宅"不是资产，依靠按揭购买的住宅无疑就是垃圾这一事实是显而易见的。显然，雷曼冲击（2008年）让20世纪经济体系的破绽暴露无遗，它所引发的面向低收入阶层的住房按揭这一次贷危机也并非偶然，住房按揭因为恶魔的低声细语设下的圈套而彻底崩溃了。那么，人们究竟居住在哪里才好呢？怎样去居住才好呢？

Home Delivery 展览会（住宅配送展）

2008年，同样是MOMA策划的住宅配送展就是试图回答这种疑问且颇具野心的展览会。该展览会也是MOMA负责建筑的策展人从泰伦斯·瑞莱（Terence Riley）移交给巴里·伯格多尔（Barry Bergdoll）之后的首次布展。新策展人巴里·伯格多尔希望能办成与1932年"时尚建筑"展览会具有相同冲击力的、足以青史留名的展览会。他渴望扭转1932年展览会确定的建筑设计方向。这一想法并非停留在改变设计的流行方向，他还希望这个提案能够引领21世纪的新型生活方式。巴里先生来到我的事务所，当我得知这一想法的深层含义时，我异常兴奋。他寻求的是超越1932年"小住宅"的方案，寻求的是一个足以替代"消费型农奴的家"的新居所。

住宅配送展的"配送"与配送比萨饼的"配送"是相同的意思。意在让那些因消费欲望和自我张扬造就的厚重、超大的居所回归如同配送的比萨一样轻灵的状态。实际上，这绝妙标题中蕴含着重新审视我们人类现有居住方式的思想以及对超越 20 世纪的一种渴望。

我认为，能解答这一疑问的恐怕只有水砖了。那么，当年 MOMA 展示的"小住宅"到底为什么要"小"呢？它是因个人可以买得起的价格而小。它以消费者的被动存在形式，用所剩无几的钱购买一个已经堕落为工业社会产品的家。那些因获得一个小家而欢天喜地的人们，实则就是为了维系这个工业社会既勤奋又悲惨的消费者，这何尝不是他们的真实写照？

但是，用水砖模块去建造"家"的个人却不是被动的消费者。作为能动性生产者，他们在自家组装模块，依靠自己的力量建设自己的家。因此，模块的小尺寸很重要。如果想搬家了，只要把家解体就可以在新的场所再建一个家。替代以往的被动消费者，这里出现的是拥有能动性的"游牧民"。

从 20 世纪末开始，悠闲自得定居在"我的城堡"的消费者接连遭遇了多起威胁生命的严重事件。1995 年发生阪神大地震，2001 年象征 20 世纪美国文明的世贸中心遭到憎恨美国的恐怖组织的破坏。还有 2005 年，被称作"地球温室效应的产物"——超大级飓风让新奥尔良饱受毁灭性打击。

20 世纪的"住宅郊外化"导致大自然惨遭破坏，其结果是全球温室效应带来的气候异常和超级飓风。大自然遭到无视、轻蔑，无法偿还的"债务"在日积月累后让人们饱受洪水的袭击，不仅让人们丢失了赖以生存的"城堡"，还被无情的大火赶出家门。曾是 20 世纪消费主力军的中产阶级"消亡"了，世界开始分化，余下了极少数超富有阶层和几乎被赶到马路上生活的低收入阶层。而频繁的自然灾害对这种分化仍然不依不饶，让这一分化状态更加显著。这种情况下，住宅配送展交出的提案正是希望为那些失去"城堡"的人们寻求一个"巢穴"。

水　枝

作为严酷时代的一种"巢穴"，我们团队展出了一个新的单位"水枝"（水的枝杈）。水枝是水砖的一种延伸形状（图12）。水砖重视的是用人的双手进行堆砌，它试图用主动生产

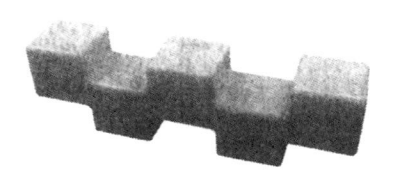

图12　水枝的模块。两端附有阀门，水可在内部流动

"房子"的方式来改变受蒙骗而购买住宅，即购买"垃圾"的被动式消费者。而新的水枝则要将这一主动性进行得更彻底。就水砖而言，只能用于堆砌墙壁，要想架设屋顶则不得不依赖于其他材料。而水枝则像一个个伸展的手臂，可以延展到墙壁以外的地方。当我们重复这样的延展，墙壁就可以渐渐演变成屋顶（图13），这样一来，只需一个人就可以用水枝搭建一个完整的带屋顶的建筑。

图13　用水枝建造的屋顶

当只用基本单位就可以制作出你想要的任何形状时,这个单位才可以被称为"OS"。以往全世界通用性最高的"建筑 OS"是砖。如果说水砖让砖得到了进化,那么水枝就是只需一种单位即可覆盖从墙壁到屋顶、更加进化、更加民主的"建筑 OS"。

另外,水枝中还隐含着与水砖有决定性差别的新功能。注水的水砖只有一个盖子,但细长形状的水枝有两个盖子。也许你会问这是为什么,但这个差别绝对是决定性的。夸张一点说,它具有划分生命体和非生命体的非凡意义。

如果只有一个盖子,注入水后盖上盖子,水只能滞留在里面。放水的时候,还要打开盖子,才能把水放掉。如果有两个盖子,这个名叫"水枝"的塑料储罐就从蓄水箱变成管道。滞留的死水就转变为流动的活水、有生命的水。滞留的水和流动的水,差别之大是无法形容的,这是本质上的差别。其实,两者的巨大差别以及水枝拥有的意义也是我们通过后来不断持续的实验、试制才逐步明了的。

水在水枝中流淌

在住宅配送展上,由于受到展会场地的制约,水枝虽然可以注水但无法让水流动起来。因此无法很好地展示水枝拥有的真正魅力。两年后,展示水枝魅力的机会终于来了。2009 年 10 月,我的个人展(Studies in Organic)"回廊的空间"在东京的乃木坂举行,在这里我用水枝制作了一个可以实际居住生活的家(图 14)。在构成这个家的单位水枝里,水在真正地流淌,就像血液一样,咕嘟咕嘟地流动(图 15)。

图 14　用水枝建成的实验住宅（2009 年）

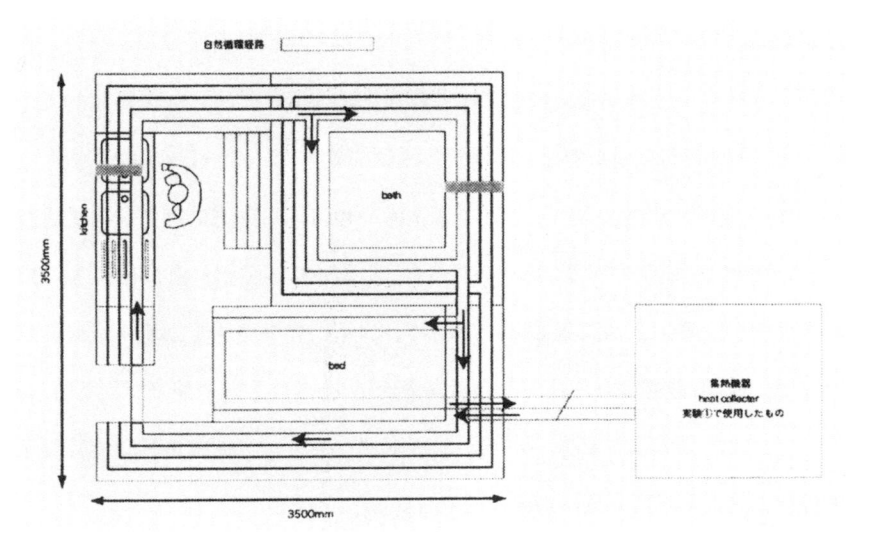

图 15　图解，水在水枝中流淌

一切都改变了。在这之后不断发生各种变故，且变故与变故的发生是连锁性的。看那水枝，简直就是一个生物体。一件仅仅是流水这样单纯的事情，竟突如其来地给建筑赋予了生命。这简直就是从非生命体到生命体的跳跃。

流淌、自立的建筑

有生命的建筑

让我具体描述一下被赋予生命后的建筑究竟发生了什么。首先，我们用水枝修建了墙壁、地面、天花板，然后让不同温度的水在里面循环流动。岂止是地板取暖，包括墙壁和天花板在内，所有空间都可以做到或暖或凉。另外，使用相同水枝在墙壁和地板上修建了一些略微凹凸不等的地方。如果用生物界术语来说，那就是胃或者肝脏吧；用建筑界术语则称作"浴缸"或厨房的"水槽"。在这些凹凸的地方注入一些水，既可以洗澡，也可以用带来的蔬菜和肉类进行烹饪。新建筑功能花样繁多，形态各式各样，但基本构成要素只有被称为"水枝"的"细胞"，看上去活脱脱像一个生物体。这不仅和细胞由干细胞生成时的状态完全一样，有趣的是它在体内一点点发生变化，渐渐成为一个神奇而复杂的"身体"。只用一种我们称之为"水枝"的细胞就能创造一个拥有多种功能且复杂的整体，这正是我们一直以来固守的执着。

产业革命以来，人类一直热衷于创造"机械"这种东西。其热衷的程度已不是单纯的狂热，而是企图用机械这一隐喻来理解世界的全部。这一思维方式表明，机械本身由复杂的零部件构成一个整体，而每个零部件都附有各自特定的功能。如果将这种思维方式应用在生物的构成上，就是用脏器论来理解我们的身体。我们可以认为汇集的脏器（如管风琴，Pipe Organ）制造了整个身体，即由脏器（零部件）组合形成身体。每个脏器（零部件）都有它的特定功能——胃是用来消化的，肠道是用来吸收的，这就是我们理解的加法式的静止身体。这些是我们在学校学到的，也是迄今为止对一般生物的理解方法。

生物不是机械

但是，以脏器论理解身体恰恰丢失了"生命"中最重要的那个部分。即生命是持续流动的存在，体内的血液、淋巴液、水分等并非随意流动运化的。人类只是根据解剖这一残酷行为想当然地发现并捏造了所谓的"脏器"，而实际上生物是由相比脏器更小的"细胞"单位构成的。这一细胞本体在体内不间断地自由流动。根据细胞的流动运化形成了胃或者血液和骨头。

细胞不断地产生，也被不断地舍弃排出。所谓生命，它是自在变幻的、持续流动运化的一种动态存在，这与固定的零部件，没有流动的、机械性静止的存在有着巨大差别。

中医一直将生命理解为流动运化的存在，而且从不把生命体作为脏器的集合体来理解。其他哲学家，例如法国的安托南·阿尔托（Antonin Artaud）就曾断言"生命不是脏器"，他否定了这种机械论的生物观点。

最近的生物学研究不断表明，机械论、脏器论对生命的理解是"无效"的。

因为每个脏器已然超越了原先被人们设想、认定的功能，各种各样的生理机理活动是同时完成的。人类的细胞原本大约一年就会更换一次，它是一种动态现象的存在，所以将脏器视为单位，用机械论去理解生命本身极不合理。

机械的 20 世纪建筑

但在现实中，20 世纪的建筑世界一直受这种机械论支配。近现代的所有建筑活动，即现代主义建筑的原理都是典型的机械论。在 20 世纪初，现代主义建筑家就宣称能够决定建筑命运的不是什么古老形态的规则，而是功能。现代主义会高声地告诉你，很遗憾，文艺复兴、巴洛克式、歌德式建筑等以"形状"为优先的规则都是"无效"的。因为你只要把功能提炼出来，建筑的平面设计、形态、细节等自然就会确定下来，这就是现代主义建筑家提出的理念。他们称之为"功能主义"。

这一思维正是典型的机械论、脏器论。现代主义建筑家扔掉了重视样式这一老掉牙的古董，飞身搭上了机械的快车。20 世纪的建筑家如同机械一样，他们根据零部件的特定功能对建筑进行重新组装。有时房间也是他们的零件，有时单体部位，例如屋顶、房檐、柱子等也是他们的零件。这种视建筑为拥有功能的零部件集合体的脏器论思考方式，目前依然支配着我们的建筑界。

谁都明白，人们的实际生活要远远超出这种机械论（脏器论）的理解范畴，因为它是复杂且相互交错流动的。但是，建筑理论至今仍无法从现代主义建筑的机械论、脏器论中抽身。实际上，传统的日本建筑要远比现代主义对人类这一生物的理解来得更加深刻，更加现代。日本的建筑并不喜欢给每个房间指派所谓特定功能这类静止的做法。就像细胞可以任意分化一样，通过运用房间的隔扇、推拉门、可移动榻榻米等小道具，不断地给空间自由，就可以应对任何方式的生活需求。日本建筑接近生物体的程度是20世纪现代主义建筑无法比拟的，它优雅且柔美。

另外，水枝这个"小建筑"还有另一个目的，就是否定以机械论为基础的20世纪现代主义建筑。水枝这一细胞与重力相抗衡，发挥着支撑生物本体的作用。从这个意义上说，它首先是结构体（骨骼）。其次它还是流淌体液的管道（血管），同时还要转化为浴缸、水槽、床、桌子等脏器。液体不断在支撑建筑物的墙壁、地面、屋顶中流动，微妙而纤细地控制着室温。我只是想哪怕让住宅呈现那么一点也好，呈现出一种生物细胞的自由和柔美，于是就有了这个有机的动态住宅。

摧毁建筑的纵向垂直体系

使用水枝，不仅摧毁了现代派建筑的功能主义，我想它还要摧毁长久以来支配建筑领域的纵向垂直体系。只要了解建筑领域的人都知道，建筑通常被分为结构、设备、装饰设计三个领域。

首先，为了确保强度足以抵抗地震、台风等自然灾害，就需要结构这一要素。那么就需要计算混凝土结构、钢筋结构等框架的强度，这一"结构设计"由所谓结构设计的工程师来负责。

其次，我们需要知晓如何配置管道，如何让水或热水流动起来。还有如何配置风道，如何才能让热风、冷风吹出来，这些也需要计算。这个领域的工作被称作"设备设计"。

结构（骨骼）和设备（循环、呼吸）这两个体系的构筑是并行的，此外还有被称为"工艺造型设计"的工作。窗户的形状或大小该如何完成？外墙是用铝制嵌板还是粘贴石材？内部墙面是否用树脂壁纸？地面是否铺设木地板？这一工艺造型领域由建筑家负责。

建筑就这样被大体分为"结构""设备""工艺造型"三个领域。在建筑教学中，为了更好地培养这三类专家，也将建筑分为这三个领域。此外，就连建筑施工方面也按这三个领域划分，可见这种划分在日益加深。

我认为，正是这个近现代的纵向垂直体系让20世纪的建筑变得索然乏味。也就是说，只会把不同领域中被限定的"狭义"最佳答案进行简单机械重组的"懈怠行为"毁掉了20世纪的设计界和建筑界。这与西方医学过分地将人体纵向划分为"形成""循环""皮肤"三个部分而被毁掉是一样的道理。要知道，中医学从一开始就不存在这种纵向垂直的思维方式。一定要击碎专业领域的那堵墙，一定要突破专家们不愿走出的狭隘专业意识，我认为这种专业领域的叛逆行为——才是设计行为的本质所在。所谓建筑设计，原本就该是具有强烈穿刺性的挑战行为。为此，我想用水枝这一微小的细胞去刺破20世纪狭隘的领域划分。因此"小建筑"就算欲击碎纵向垂直划分这堵墙使用的工具吧。

"3·11"东日本大地震和依赖基础设施的建筑

这一想法进展到现在，我又发现了另一个重大课题，那就是建筑的自立性。因为生物本身从一开始就是自立的，它们依靠自身的力量行走、觅食、呼吸、排泄。它们不需要上下水道，也不需要电线或煤气管道。没有这些，生物依然可以生存下去。正因为身体是自立的，所以生物的存在才是自由的。所谓生物，原本就该是自给自足的存在。

但是，20世纪以后的建筑越来越依附于国家准备好的资源和能源这一主干线（基础设施）。自来水由上水设施供给，并由下水设施排放，电力由电网电缆供给。对基础设施的依赖，使得建筑这一存在体对代表国家的上层体系的依赖程度越来越强。没有人会怀疑，建筑已经被国家掌控，建筑的自由几近消失。

"3·11"东日本大地震将这种丧失自立性的建筑的脆弱程度以一种令人心酸的方式呈现在我们眼前。当基础设施被斩断的时候，城市也好建筑也罢于瞬间变成一堆庞大的垃圾。因依赖国家提供的能源，我们的脆弱和愚笨一览无遗。在每隔几年就会更换首相、对危机管理毫无想法、毫无责任感的国度里，我们寄托了包括生命在内的所有。里斯本大地震之后，接替上帝的是我们自己，我们要自己来保护自己的生命，而挣扎到最后的结果却要依附于基础设施。"3·11"东日本大地震，当我看到所有基础设施被斩断之后的家园，我认为是时候重新思考这一问题了。

如果建筑可以获得与生物一样的自立性，如果可以像生物那样无需基础设施的束缚而获得自由的话，我们的城市、我们的街区、我们的村落一定会变得与今天完全不同。我们的生活一定会获得完全不同类型的自由。

自立的建筑

水枝正是为了创造这种新的、自由的建筑而进行的一项实验。例如，普通的"大建筑"需要国家提供水源。而为了让"小建筑"获取自立，使其独自存立，水源这一基础设施是不需要的，依赖雨水即可。雨水是国家管控范围以外之物。

首先储存雨水，让雨水在水枝搭建的墙壁中循环流淌。这里所说的建筑，并非与周围毫无关联的建筑；而是指那些无须依赖可信度不高的人工体系，无须依赖国家的建筑。它可以存在于任何人的周围，它信赖大自然拥有的巨大力量。

其次，在水枝中加热或冷却雨水，使其循环。生物在给身体加热或冷却时可以调控血管以及毛细血管的血流量，而我们可以用水枝制作微妙调控冷暖的房子。当然，这里的可调控冷暖房不同于安装了 20 世纪那种可以吹出冷暖风空调的地方，而是依靠墙壁或地面的温度变化形成有益身体的辐射型冷暖房。

下一个课题，就是如何制作热水和冷水。如果仍然使用电力或煤气锅炉，结果还是要依赖基础设施，要依赖那些"衙门老虎"。于是我们想到，在建筑外表日照较好的地方用同样的水枝制作一个太阳能热水器，一个能将热水引入建筑的装置，即（冬季）大型追日装置。不论雨水还是太阳都是免费的能源，这与"衙门老虎"扯不上丝毫关系。

最后，剩下的就是电力了。由于水枝的本体采用了透光材料，因此白天是不需要照明的。为了夜晚所需的照明，可使用手动的摇式简易发电机，用自己的体能获取必要的电量。这一做法或许能让人们明白电力不是可以随心所欲消费的，电力是需要依靠劳动才可以获取的。这样一来，总算是通过自己的手工制作完成了与政府毫无关系的、自立的"小建筑"。

因"小"而彰显世界之"大"

只是满足单纯的小并不是"小建筑"。因为理想型的"小建筑"是自立的建筑。就像自立的个体生物能够巧妙利用大自然的恩惠、无须依赖政府部门那样，小建筑也应该是小而自立的建筑。因为小而无须依赖政府就可以随意生存下去。那么，将这里积垒的"小"智慧一点一点地应用于大建筑不是挺好吗？

这时候，浮现在我脑海里的是昆虫。据说地球上生存着数千万种生物，其中的80%是昆虫。为什么昆虫如此之多呢？因为它们小。因为小，所以它们可以在各种环境中生息。如果是人类的话，不要说脑袋，就连手指都无法进入的地方，对昆虫而言却是巨大的"场地"，它们能够在那里生活得很好。对主体而言，其个体越小，反之对应的世界就会越大、越丰富，就越能呈现它广域的多样性。它的呈现是可信赖的。因此，所谓自己的渺小，其实预示着世界的丰富。

倚靠

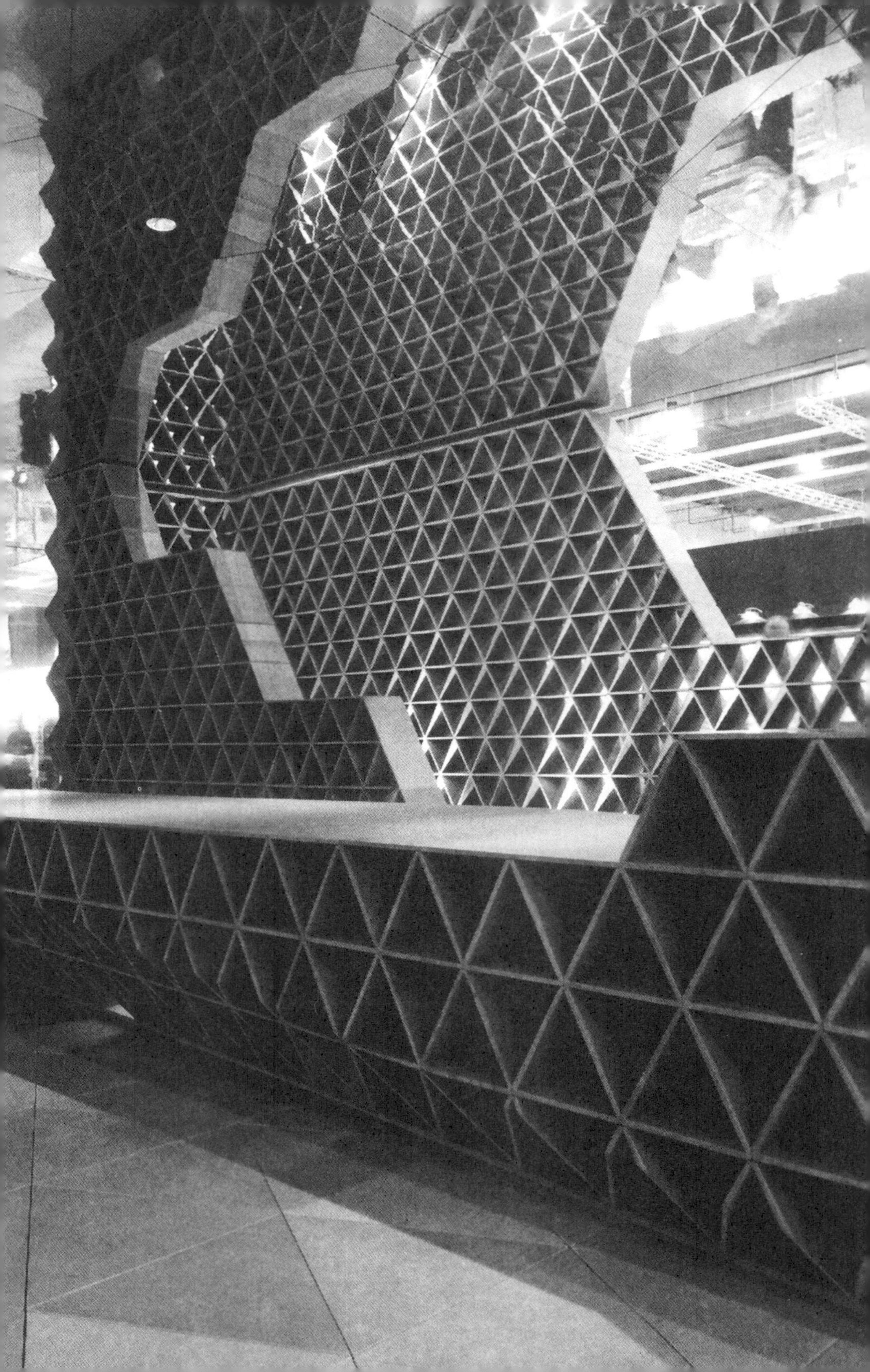

倚靠在强大坚实的大地

建筑的寄生本质

单纯将大的变小，那不是"小建筑"。自己动手去创造，可以亲自去操控的才是"小建筑"。自己动手，让自己与世界相连的那个工具就是"小建筑"。

这种时候，恐怕最便捷的制作方法就是堆积那些容易操纵的小尺寸模块。但是，还有一种更便捷的方法——"倚靠"（图1）。在荒无人烟之处建造什么呢？就算身边有木枝，大概建造起来也是相当费力的。那么，假如那里有一面墙，只要在墙面倚靠一块三合板，瞬间就可以搭建好"小建筑"，其强度因倚靠那

图1 相互倚靠

图2 悬空寺（山西省大同市）

图3 三佛寺投入堂（日本鸟取县）

面墙已经足够了。去东京的居民区看一看，那里有各种倚靠墙壁的方式。我最喜欢的中国建筑悬空寺（图2）便是倚靠在悬崖上的壮观建筑，还有日本的三佛寺投入堂（图3）也属于倚靠结构。投入堂比悬空寺要小很多，但它清晰的倚靠结构让我产生了好感。

姑且将这种类型的建筑结构称为"倚靠结构"吧。倚靠结构绝非随意的寄生结构体系。实际上，所有建筑都是根据倚靠结构修建在大地之上的。任何建筑结构物最终都离不开大地这个巨大基盘，因为它们要倚靠在那里。通常，我们都是以大地不证自明的强度为大前提，所以只考虑大地之上结构物的强度就足够了。通过计算机计算大地之上的物体强度，我们创建了诸如框架结构或薄壳结构（图4）等很多合理的结构体系，但所有的这些大前提都因为倚靠对象是强大坚固的大地。

说到底，建筑自身最本质的东西就是"倚靠"。或许是个偶然，倚靠结构

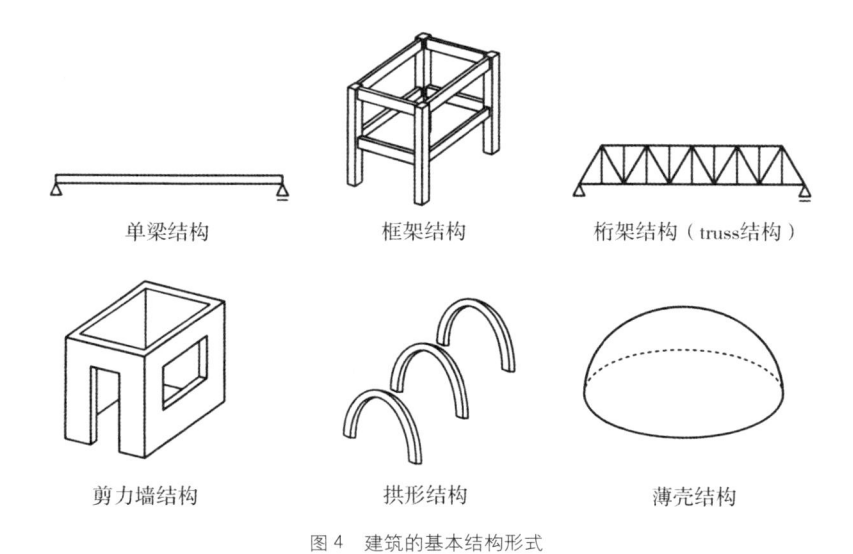

单梁结构　　　　　框架结构　　　　　桁架结构（truss结构）

剪力墙结构　　　　拱形结构　　　　　薄壳结构

图4　建筑的基本结构形式

揭示了建筑只能依偎于大自然这一浩瀚无际存在的事实，因为这是建筑本质、根基的脆弱所在。

建筑的脆弱和依存

倚靠结构与前面章节中提及的水枝以及建筑的自立都有密切的关系。水枝建造的实验性住宅以不依赖国家提供的基础设施、实现自立的"小建筑"为目标。它无需水管，只要有天降的雨水，就可利用太阳能烧制热水，利用手摇发电机自己发电，它挑战的是建筑自立的可能性。

但严谨地说，水枝实验性住宅并没有实现自立。它只是倚靠于另一个更巨大的自然力量而已。不依赖人类创造的城市基础设施，而是倚靠更大的自然体系，这就是水枝提案的本质。即不倚靠那些人工的东西，只想把更大的、值得信赖的自然当作倚靠对象而已。

因此，水枝建造的家也是倚靠结构，其核心是相同的。不管你希望建筑有多么坚固，但那只是人们的畅想，是否真的坚固完全是心照不宣的事。既然如此，为何不铭记它的脆弱，然后去寻求倚靠呢，这正是我研究的基点。此时还有一点非常重要，就是不要刺痛倚靠的对象，对它要温柔、慎重。就算是提醒人们不要忘记建筑的"脆弱性"，研究倚靠结构也是有价值的。"3·11"东日本大地震让我们领略了大自然拥有的人类无法抗衡的力量，当切身体会到以核能为代表的人工体系是如此脆弱之后，你就会愈加领悟自身的弱小。因此，我们需要更好地磨炼倚靠的技能，磨炼柔韧有余的寄生技巧。

以这种视角去观察，我们会发现"倚靠"的事例到处都是。例如，被称为"日本居所原型"的竖式穴居就是倚靠结构（图5）。数根圆木相互倚靠，以此获取平衡，成为稳定的结构体。

在西方建筑史中，只要提到"建筑的原型"就会经常列举安东尼·洛吉耶（Marc-Antoine Laugier）所著书中"原始棚屋"的插画。这幅插图也是典型的倚靠结构（图6）。15世纪，时任耶稣会神父的安东尼·洛吉耶曾在

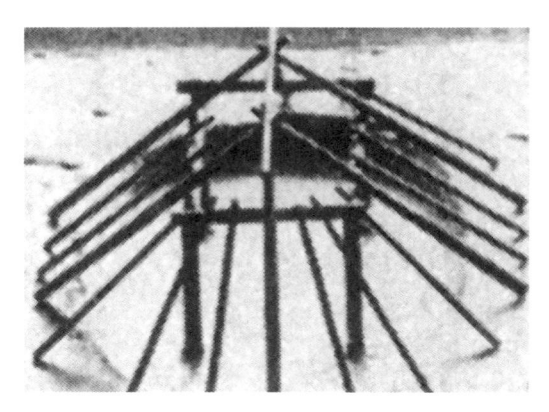

图5　竖式穴居的倚靠结构

他的《建筑试论》（*Essai Sur L'Architecture*）中探讨、追溯建筑的起源。他追溯的"起源"便是在顽强生长的树上用木材巧妙搭建起来的结构。倚靠的对象不是墙壁而是生长的树干，这与寄生行为没什么两样。这幅插图后来被很多建筑家引用，出现在建筑教材中的次数也很多。从如此之多的赞誉来看，原本这"倚靠"就是寄生型的。也许建筑的本质就是寄生。

图 6 安东尼·洛吉耶书中"原始棚屋"插图

囊体结构[①] 和笛卡尔的直角网格

囊体这一很少听说的结构体系也是倚靠结构的一种。现今多半建筑几乎都是和囊体结构十分相似的框架结构（见本章节图 4）。这让我觉得十分有趣。囊体结构曾在现代主义时期的德国出现过，但实例很少。与正统的现代流派略有不同却广为人知的雨果·哈林（Hugo Haring）设计的 Garkau 农场[②] 的屋顶（图 7）就是为数不多的囊体结构实例。

面对常见材料组合而成的网格状（直角网格），哈林的 Garkau 农场屋顶不是四边形，而是以三角形为基本形状。材料与材料相互倚靠，自然生成三角形。但是，工业化社会要求建造大型建筑时满足既廉价又快速的条件，相比三角形，

---

① 译者注：囊体结构也称"微粒结构"。即 Lamella 结构，在建筑学中也被称为"Thylakoid 结构"。

② 译者注：也称"迦高农场规划"。

四边形来得更为容易。因为制作四边形和直角会更廉价更快捷。哲学家笛卡尔[①]将此称为"笛卡尔的直角网格"。由于利用直角网格即可达到廉价又快捷的条件,所以笛卡尔推论这个世界也可以因此变"大"。为此,在17世纪一直探索如何"扩大"世界体系的笛卡尔极力提倡这种直角网格。于是,无须仰仗其他结构,仅以自身的逻辑持续增长及不断扩大的直角网格就可将建筑世界淹没。

图7 Garkau 农场(雨果·哈林,1926年)

生物建筑——铝材和石头的"倚靠"

新陈代谢运动

但是,今天已经不再是"扩大"的时代了。当我们开始思考替换笛卡尔网格的"缩小"时代体系,我曾任教的庆应大学系统设计工学系便开始着手"生命建筑"的研究了。生命建筑,听起来相当富有魅力,但实际上这个课题并没

---

① 勒内·笛卡尔(1596年~1650年),法国哲学家。解析几何学的创始者。著有《方法序说》《哲学原理》等。

有那么简单。在以往的日本建筑家当中，黑川纪章先生[1]等人曾经对该课题寄予极大的关注。这不禁让人想起，就在20世纪那个机械时代，黑川先生曾作出的热血预言："21世纪将是生物的时代。"

黑川先生是1959年Metabolism运动的领头人。所谓Metabolism就是新陈代谢的意思。新陈代谢运动的基本思想认为20世纪的建筑仅是一次性建造，建造之后最终将会走向老化、腐朽，建筑的这种"生命历程"实在很不合理，建筑应该像生物体那样可以反复进行新陈代谢，这样才能顺应我们这个世界发生的各种改变。我眼前浮现出黑川先生在电视上就新陈代谢侃侃而谈的身影，

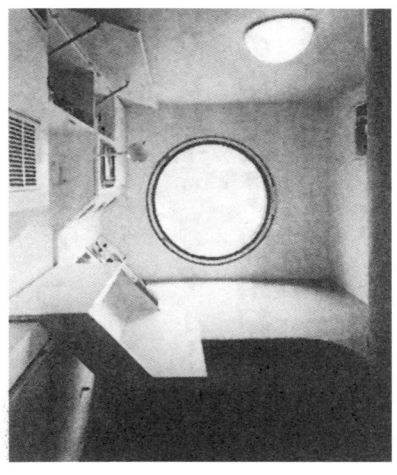

图8 中银胶囊公寓（黑川纪章，1972年）。外观和胶囊内部

---

[1] 黑川纪章（1934年～2007年），建筑家。Metabolism（新陈代谢）运动的领头人，策划过胶囊建筑，之后提倡与自然共生的建筑。主要作品有中银胶囊公寓、民族学博物馆等。

那时我还是小学生。画面中，吊车吊起巨大的铁球，对钢筋混凝土结构的建筑进行解体，黑川先生头戴安全帽亲临现场进行讲解。记得黑川先生高声说道："看吧，与时代难以适应的建筑终将遭遇如此惨状。"

1972年，黑川先生在新桥附近设计了一栋"中银胶囊公寓"（图8）。公寓由巨大的主干和主干周围无数个居住用胶囊结构房间组成，黑川先生提出的方案认为：随着时代的变迁，只需要更换胶囊就可以了。

胶囊太大

但是，实际情况与黑川先生的设想大相径庭。中银胶囊公寓从没有更换过一次"胶囊"。因为与其说胶囊本身落后于时代，不如说公寓的核心——巨大主干结构自身的管道、配线过早地损坏腐朽了。另外，虽然黑川先生说过只需更换小小的胶囊，但要将如此大小的胶囊用吊车来更换，无论从更换的本体、物理性或经济性来说都是不可能的。中银胶囊公寓的命运或许比普通钢筋混凝土建筑还要悲惨。

我曾与生物学者福冈伸一先生聊过有关新陈代谢的话题。他的观点是，新陈代谢的倡导者们将代谢的单位设定为胶囊，但胶囊本身作为新陈代谢的单位实在太大。将胶囊的尺寸比作生物脏器的尺寸，脏器出现问题就可以更换，但现实中并不存在可以更换脏器的生物。因此，中银胶囊公寓没有更换过一次，只能老朽而去。生物微小的细胞单位每时每刻都在进行新陈代谢，以此应对变化的环境。由于新陈代谢理论并没有摆脱脏器论、机械论时代的逻辑背景，因此尚缺乏一定"大小"的美感，这是我和福冈先生得出的结论。假如当初以替换更小单位的零部件为目标，或许新陈代谢会以另一种有趣的形态展现在我们面前吧。福冈先生说，如果我们设计的那款水枝（前面章节提及的）或者那款不用钉子而用小木条组合的"千鸟格"单位（后面章节提及的）可以足够的小，那么新陈代谢便是可能的。

至于中银胶囊公寓的胶囊最终也没能更换一次，黑川先生是否另有自己的想法不得而知。总之，1980年以后他不再提倡建筑的新陈代谢，转而认为形似生物的是曲面形态，他的理论发生了转变。换言之，四边形的坚硬建筑是"机械时代"的建筑，而更多利用曲面曲线的柔性建筑是"生物时代"的建筑。对我来说，曾那样认真提倡新陈代谢且近似于狂热的黑川先生的确是个有趣的存在。

"逃避"造就宽松形状

何谓"生物性建筑"？庆应大学的朋友们经过摸索得出这样的结论：能够自立并不代表那就是生物，因为依存于环境时显现的脆弱性才是生物的本质。难道不是吗？所谓生物，它是仅凭自身能力无法存活下去的一个脆弱存在。因此它必须适应周边的环境，日复一日地慢慢地新陈代谢，这是他们的见解。这与20世纪60年代高增长时期用吊车来更新巨大胶囊的黑川式的"体魄强健"形成鲜明对照，这是崇尚松弛、崇尚时下素食主义寄生方式的结论。

那么好吧，从这一新的生物观延伸，究竟会诞生什么样的建筑呢？结构设计师佐藤淳先生、建筑家原田真宏先生和学生们讨论的创意是以囊体结构为基础，利用木板条相互倚靠而进行设计。将木板条凿出插孔，然后相互插入组装，无需钉子或螺栓，力量就可通过插孔这一媒介缓缓传导，这是该体系的独到之处。另外，不仅仅是力度的传导，还可以利用插孔相互咬合时留出的一点点可逃避的缝隙，恰到好处地让自己得以更好地适应周边环境，从而产生一种柔和的有机形态。实验的场所就选在庆应大学矢上校园内，具体地说，地点略偏离那片中央长有几棵大树的洼地。当建筑轻灵地倚靠在如此复杂断面的地面和树木之间，木板条相互之间的倚靠就会随性描绘出一幅柔软断面的画面（图9）。如果利用钉子或螺栓等不给"逃避"留下丝毫缝隙的现代连接法，要达到如此轻灵柔和的形态，恐怕不得不进行一番复杂计算和高精度的施工。而且用钉子或螺栓牢牢固定的方法是20世纪工业社会的死板做法。

"倚靠"是个很有趣的结构，只要发现一个彼此可以坚固依存的点，就可以一个接一个地重复它连锁性的倚靠。这使得几十个甚至几万个单位，或者几个人甚至几万人通过倚靠形成一个简单且松弛的结构变为可能。一个比人类大脑设计的"柔软形状"更加柔软更加自由的形状自然而然地诞生了。而能够产生这一形状的关键就是"逃避"。所谓逃避，这里是指物与物之间几乎可以无视的那个微小的间隙。微小的间隙即便介入其中，力度仍可以从一个部件传递到另一个部件，而且连接处依旧是那么充分、松弛，那么"恰到好处"。通过部件之间的倚靠，你就可以得到那种绝妙的双重性（图10）。

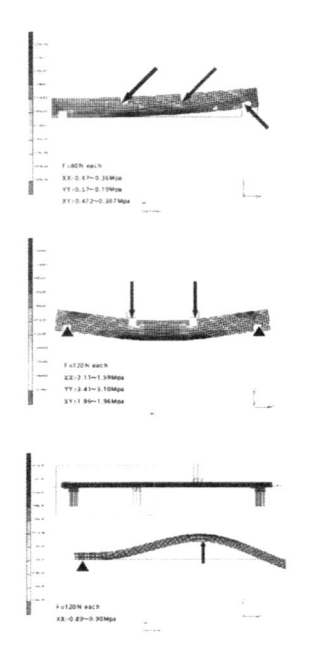

图10 "森林的休息所"的结构解析图

图 9　和庆应大学的学生们制作的"森林的休息所"（2007 年）

然而，一旦在现实中用倚靠结构建造一个建筑的话，你会遇到意想不到的困难。如果是坚固的石崖或墙壁，或者是安东尼·洛吉耶提及的垂直材料（例如树木）的例子，倚靠是可以完成的，但如竖式穴居或庆应大学的囊体结构那种，于地面完成倚靠的话，就只能建造一个抬不起头的天棚空间了，人在里面生活实在是太狭窄了。

佛罗伦萨的薄石板"倚靠"

为了消除这种狭窄，我想到了既可将倚靠结构置于内部，又能够造出具有一定高度的"自立墙壁"的方法。墙壁的内部结构设计，可利用小型部件的相互倚靠来解决。

机遇来自意大利古老的石材店铺。这个石材店铺在佛罗伦萨的北侧拥有一处石材切割厂，那里可以切割一种名叫"塞茵那石"（pietra serena）的漂亮灰色砂岩。人们赞誉这种砂岩具有十分高贵的品质。文艺复兴时期佛罗伦萨的建筑家菲利波·布鲁内列斯基[①]和米开朗基罗（Michelangelo）都非常偏爱这种灰色的砂岩（图 11）。文艺复兴时期的建筑家们认为普遍性才是他们要达到的目的，而这种砂岩的中性表情与建筑家们所追求的那种几何学抽象性十分吻合。那么，为了超越中世纪地域文化所呈现的强势、厚重、杂乱无章，就需要建造一种能够支配数学秩序的抽象性极高的"干爽"建筑，这正是布鲁内列斯基和米开朗基罗等文艺复兴时期人们的目的。而这种砂岩与他们的需求正好吻合。

[①] 菲利波·布鲁内列斯基（1377 年～1446 年），意大利建筑家。设计过圣母百花大教堂穹顶等。

从名字便可知道，pietra 代表岩石，serena 代表清澈。

我接到委托，请我使用佛罗伦萨北面山上经石材店铺切割的薄石板，设计一座小型展馆。能使用米开朗基罗喜爱的石板建造一座"小建筑"当然没有问题。我们打算用数学的严谨结构将石板那干爽的抽象性表现得再强烈一些。

究竟能否尽量排除石板以外的杂物，建造一座纯粹的石材小型展馆呢？为此，将厚度切割至极限的石板进行相互倚靠的连接最为合理。这一思路来自相互倚靠的扑克牌——被称作"纸牌城堡"（图12）的结构体。像扑克牌这种薄薄脆弱的东西也可以通过相互倚靠的方法建成富有力度的结构体，这的确很有趣。因此我们想用石板替代纸牌建造一个城堡。

石板被切割到极致的薄，职业工匠们说可以切割到 10 毫米的厚度。意大利的石材技术的确是世界一流水平，不愧是职业工匠，他们沉稳而自信。要知道

图 11　米开朗基罗设计的劳伦提安图书馆（Laurentian Library），多处使用了塞茵那石

图 12　用扑克牌制作的纸牌城堡

070

图 13　用塞茵那石制作的石板纸牌城堡（2007 年）

近来建筑外表覆盖的石板厚度多为3厘米，通常是贴在混凝土表面，一想到10毫米厚度的石板，反而是我们被吓到了。用于相互倚靠的石板边长均为23厘米，连接部位用灰浆固定。不用螺栓也不用黏合剂，只用灰浆固定石板的手法真的很不错。瞬间，石板的纸牌城堡就完成了（图13）。从远处眺望，它就像用瓦楞纸板组装的城堡，它的微薄、轻灵让人无法想象那居然是用石材制作的。通过相互倚靠，脆弱的东西也可以变得如此强悍。

高冈金谷町的铝板"倚靠"

让石板的倚靠结构更出彩的机遇是富山县高冈市金谷町的"多边铝板"项目。项目的这个爱称是由描述形状的"polygon多边形"和作为原料的铝材这两个单词组合而成的。

高冈这个地方，曾作为加贺前田家的支藩而倍感荣耀，留下了很多古老的木造临街建筑。同时，金谷町也作为铜制工艺铸件职业工匠的聚集地而广为人知。在二层高的木造小楼前面，是一条连续排列着并配有精美方格门脸的手工作坊街道，这里依旧透着往昔那份喧闹。在金谷町，每年秋天都会举办手工艺展。届时，会禁行各种车辆，让出的那条石板路本身也被当作工艺品，整条街用来举办高冈手工艺品的展示和销售。为该活动设计一个可循环使用的临时展示棚便是我们团队接到的委托。接到委托后我立刻想到用塞茵那石建造的纸牌城堡体系。边长23厘米是正好与展示棚吻合的尺寸。三角形或增加或减少，无论长度还是高度都可以自由自在进行调整。

但是，我最大的担心就是怎样用灰浆固定好石板的连接部位。意大利石匠可以很容易地剥离灰浆，然后加一块石板或撤掉一块石板，但这种手艺在日本是不能指望的。如同这样一个事实：日本的木匠擅长木工活，娴熟地使用石材却是意大利石匠的传统。

那么，能否拓展金谷町的金属加工技术，利用铝材构建一个倚靠结构呢？如果将印龙的原理应用于铝板两端，达到既可拆分也可添加的效果，其乐趣岂不是石材的百倍吗？开发如此精细的连接部位，恐怕委托创建于金谷町的三协立山铝材公司才是最好的选择。在传承江户时期金属加工技术的同时，还能体现现代铝制品的最高端技术，这简直太有趣了。不仅如此，我还想借此机会告诉世界，其实 20 世纪日本的工业化正是因为有了这些职业工匠的技能才得以实现的。

一个月内，在一个短的令人吃惊的试制期里，令人赞不绝口、工艺合理、精美无瑕的连接部件竟然完成了（图 14）。经过挤压塑模的铝材连接部件有五种类型，使用中无论哪个方向都可以将三角形的一个边伸展连接。在金谷町那条弥漫江户风情的石板路中央，当我们怀着忐忑的心情将铝制的纸牌城堡组合之后发现，这座城堡与江户风情简直出乎意料地合拍（图 15）。这要感谢铝材边缘的薄度——铝材由两张厚度为 10 毫米的铝板制成中空板。而刻意展示它极

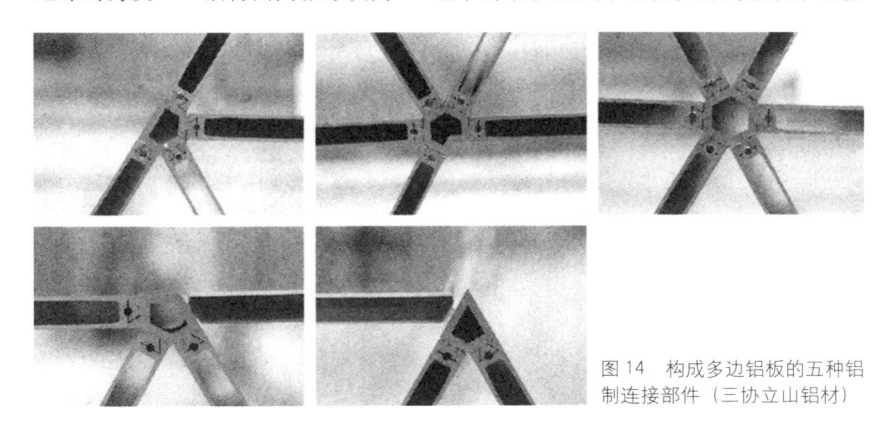

图 14　构成多边铝板的五种铝制连接部件（三协立山铝材）

图 15　出现在金谷町古老街道的纸牌城堡体系

薄的边缘，就是为了向人们传递它的薄、轻、小这一细节。

　　江户时期的街道，所有结构部件的尺寸均是以木造建筑那细腻微妙的尺寸体系为基准来确定的。这与用角度来确定混凝土尺寸（例如墙壁厚度为 20 厘米，柱子约 1 米）而建造的现代日本丑陋街道相比，它们的基本尺寸完全不同。江户时代街道的秀美孕育的是"小"。金谷町那条木造建筑的街道所传递的细腻尺寸与倚靠结构达成的"小"产生了共鸣。

只用铝材建造的"小建筑"

　　不仅是展示棚，咖啡店的柜台或长凳都可以利用多边铝板体系进行轻松组合。如此一来，更激发了我们利用该体系建造一个完整居所的欲望。于是，我们告诉同在高山市区富山大学的学生们，这里正在策划一个"利用多边铝材建造居所"的活动。对住宅设计涉足不深的他们受20世纪"为了消费的居所"的影响还很小，所以我们期待或许能出现一种新颖的"小建筑"构思。

方案最终敲定，是蒲田奈小姐荣获一等奖的设计方案。她的设计方案完全摆脱了人们脑海中对"家"的固有印象（图16）。该设计方案在地面完全没有那种直角的笔直墙壁。因为多边铝材本身就是遵循相同斜面的板材相互倚靠的结构原理，所以自然不会有笔直的墙壁。在倾斜的箱子中，当然也不会有平坦的地面。一切都呈阶梯状，在任何阶梯处，你都可以站立或坐下，享受自在的生活。这里出现了一个说不清是家具还是台阶的"小建筑"。你在这里无法计算"室内面积"，或许都不会通过《建筑基准法》的审批。因为《建筑基准法》是20世纪"大建筑"时代的产物，所以也许压根儿就不把我们这样的建筑放在眼里。

用铝材建造居所的实验，在以往也曾有几个建筑家尝试过。曾经在勒·柯布西耶手下负责萨伏伊别墅设计的瑞士人阿尔伯特·佛雷（Albert Frey）设计过一款"铝住宅"。我在他95岁高龄时曾拜访过他在加州棕榈泉市的家。听他讲述，也参观了他移民美国后设

图17 阿尔伯特·佛雷设计的铝住宅（1931年）

076

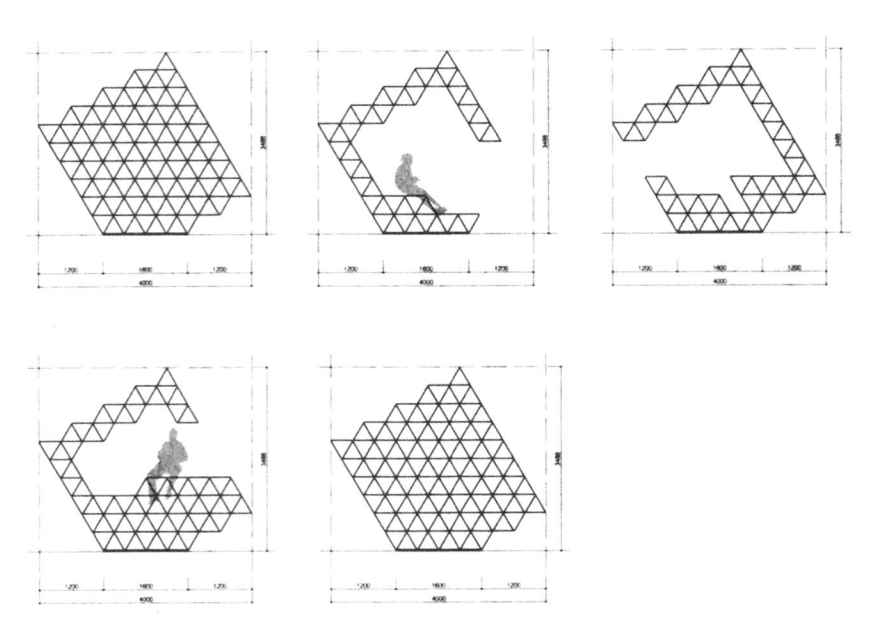

图16 "利用多边铝材建造居所"设计大赛。蒲田奈小姐荣获一等奖的设计方案（2009年）

计的那栋"铝住宅"（1931年）实体建筑（图17）。但"铝住宅"只是用铝材置换了萨伏伊别墅细柱子结构体系的钢筋混凝土，其实质依旧是"大建筑"，这未免让我有些失落。

理查德·巴克敏斯特·富勒[1]为"批量住宅"设计的那款被称为"Dymaxion住宅"[2]（见《编织》章节图28）的主要材料也是铝材。或许是因为二战结束后，飞机制造厂家必须寻找新客户的缘故吧，Dymaxion住宅由飞机制造厂制作，所以铝材本身的工艺十分精美。但是，就Dymaxion住宅的空间和内饰而言，由于是以美国标准家庭为对象的产物，因此与其外观带来的冲击相比实在相差甚远，它依旧是个"大建筑"。这难免给人一种铝材大棚不断叠加，结果不知何时就变成了一栋建筑的感觉。至少这里没有蒲田奈小姐设计的多边铝材住宅那样的宽松和趣味。

当建筑不断地小下去，以往概念中那些地面、墙壁等基本词汇就会随之逐渐消失，最后留下来的只是身边最小限的陈设。于是，人与物便通过这种全新的形式开始"微小"对话。都说只要追求建筑的"小"，随之就会诞生一个崭新的形态或细节。于是，始于身边的"小"物质，在不知不觉中开始了与身体的对话，有趣的是这似乎和建筑十分相像。始于物的"小"，竟在不知不觉中回归"小建筑"。

---

[1] 理查德·巴克敏斯特·富勒（1895年~1983年），美国思想家、建筑家、发明家、诗人。将在《编织》一章中详细介绍。

[2] 译者注：国内也称"节能多功能房"。

蜜蜂的秘密——蜂巢孕育的空间

粗放且强壮的韩式建筑

"倚靠"系列的"小建筑"在韩国首尔以南10公里左右安养街区举办的一个环境艺术活动中再次踏上新的旅程。

这是我第一次在韩国做项目。其实,我一直很关注韩国的建筑,因为很喜欢韩式推拉门。都说日式推拉门和韩式推拉门十分相似,其实完全不同。日式推拉门的木格门框在室内一侧,裱糊的门窗纸在门框外侧(图18)。相反,韩式推拉门裱糊的门窗纸在室内一侧,木格门框在室外(图19)。从室内望去,可以看见木格门框的影子从门窗纸反面透进来。

这一不同细节的深处究竟隐藏着什么呢?面对如何营造身边环境这一问题,你会遇到两个时隐时现的正相反的解答。门窗纸裱糊在木格门框内外位置的不同,显现的是作为生物的人类面对大千世界那时隐时现的截然不同的认知。

说得具体一些吧。推拉门的木格门框就是结构,就是骨骼。门窗纸则是表皮,是现象。在韩国,结构(门框)在表皮(纸)的另一侧,用表皮来掩盖。越是不得不掩盖的结构,其实就越坚固,因为它是一种强壮的存在。而在日本,结构(框架)是柔弱,是纤细。要柔弱、纤细就需要削弱结构,"竭尽极致"是日本建筑的目标。这一极致之极致的结果便是将纤细的结构不加掩盖地显露在眼前,人们爱这种纤细。

在韩国,结构中不存在纤细、轻薄以及极致的倾向。透过门窗纸可以看见

图18　日本的推拉门。木格门框裸露在室内一侧

图19　韩国的推拉门。木格门框在室外一侧，透过门窗纸可以看见门框的轮廓

粗线条的木格（结构），这在日本人看来是难以接受的，因为实在过于粗放、粗糙。而日本的推拉门，裸露在门窗纸前面的木格门框是纤细的。说得难听一点，就是用尽各种手段为门框制造一种奢华的表象。例如，将门框材料的顶端按斜面切削，看上去就会显得宽度很窄。还有加上被称作"放坡"的斜面平凹手法，门框顶端看上去也会很细窄。

日本和韩国在推拉门设计上的差异其实是对大自然基本认知的差异。首先，朝鲜半岛的自然条件严酷，为了能在自然中守护我们的身体，需要粗放的框架。粗放的"骨骼"和人类之间有一层柔软的纸。正因为自然过于严酷，正因为"骨骼"粗放，因此需要柔软的纸，而纸的柔软性是如此刻骨铭心。

日本的自然环境要远比韩国温和。因此，自然和身体之间没有必要加入这一层促进温和的纸。日本推拉门使用的和纸并没有守护身躯所需的厚度。为了

将外部耀眼的阳光转换为柔和的白光，日式和纸只是一道极薄的屏风罢了。就连推拉门的框架，也因为不会成为自然与身躯之间的障碍而被制作得越来越纤细。韩式推拉门是通过门窗纸于自然中守护身躯，日式推拉门则是通过框架的纤细，以求达到身躯与自然的结合。

建筑结构的臃肿化

近来，我对这种韩式推拉门设计，即韩式结构与表皮之间的关系颇感兴趣。因为在这背景之后有一个令人担忧的现象，即建筑结构的臃肿。20世纪的现代建筑，其结构的细腻程度与之前大不一样。以往堆积石材或砖瓦的方法，使得建筑结构非常粗放。自从19世纪开始引进并普及混凝土和钢筋，建筑结构的细腻化成为可能。也可以说日本建筑一直以来追求的削减结构、促其纤细的方法已然成为现代建筑追逐的目标。所以我说，现代建筑大潮的引领者弗兰克·劳埃德·赖特（Frank Lloyd Wright）和密斯·凡·德·罗对日本建筑的纤细结构感兴趣绝不是偶然的。

然而，到了20世纪后期，这一潮流发生了改变。在五花八门的现实需求基础上，结构开始臃肿化。每当经历大地震，每当灾难后出现大量伤亡，建筑的抗震标准就会变得愈加严苛。进入21世纪，竟出现过伪造抗震结构计算表的事件。那个以结构纤细化为前提、以信赖为基础的稳定社会结构就此开始崩溃，竭尽纤细的日式做法也开始显露它的破绽。20世纪——那个稳定的社会终结了，世界再次陷入狂乱。

20世纪，其实无论怎么说都是一个幸运不断降临的安稳时代。地壳活动平稳，大地震或大灾难比之从前有所减少。贫富差距在缩小，社会趋于安定。以这种安定为前提，建筑结构不断趋于纤细，玻璃替代厚重墙面的比率越来越大。从这个意义上说，20世纪是建筑纤细化的时代，是一个与自然环境和平共处的日本模式在不同领域备受赞许的时代。

但是，在21世纪呈现的崭新世界面前，以强韧的屏风来守护身体的韩式建筑终究还是更胜一筹。无论是韩式设计的盛行还是韩国经济的迅猛，它们都是这个残酷新世界的产物。

韩式风格的时代

若将韩国庭院与日本庭院相比，那藏匿于彼此背后看待世界的不同态度是显而易见的。在日本，为了将自然环境改造得更加纤细，就连一木一草一石都要削减，使其圆润。而日本的做法放在韩国的庭院则被认为太不自然，因此这类过分做法遭到拒绝。在韩国，自然是随性的、搁置的。看到韩国的庭院，常常会你让惊讶"啊？这就是庭院吗？"以前我对韩国庭院的粗放、杂乱也是无法接受的，但现在正相反，我对韩式庭院很感兴趣。因为我看到自以为能将自然改造得更加纤细的日本思维所呈现的那份对自然的傲慢。相反，将自然搁置的韩式做法却在呈现对自然的敬意和畏惧。

简言之，面对同一个世界，日本和韩国的应对方法正好相反。日式风格，就像把建筑的柱子或推拉门框做得竭尽纤细一样，是用"微小之物"将自己包裹，并将周围的世界微缩，欲将其改造成温柔的环境。日式风格，终因自我世界的场所有限，而将"微小之物"封闭于充满纤细的世界之中。而韩式风格却从不刻意追求所谓的"小"。正如推拉门的细节需要用纸来包裹那样，韩式风格只是附和着世界的大与粗放，在世界和自己之间恰当地插入一个"小"。当世界狂乱时，韩式风格即可发挥它足以应对任何严酷世界的坚韧力量。

蜂巢式的韩式推拉门

安养项目需借助最先进的科技手段，以韩式风格的方法论去尝试应对严酷的自然。于是，我的团队开始寻找类似韩式门窗纸包裹屏风的可能性。我们探讨了各式各样可能的材料，最终选定了那款以纸制蜂巢结构为夹心、用FRP（玻璃纤维强化塑料）包裹的现代版韩式推拉门（图20）。

用塑料从纸制蜂巢的两端包裹，使其本体成为一个结构体，随即演变为一个强韧的镶板。而且，FRP包裹后表面所呈现的那种生物性滑腻质感与韩式推拉门拥有的感官质感相比，简直是有过之而无不及。

纸制蜂巢结构透过褐色FRP正面呈现的华丽风情甚至诱惑到当地的蜜蜂。也许错以为这是真正的蜂巢，很多蜜蜂聚集到我们的"小建筑"（图21）。

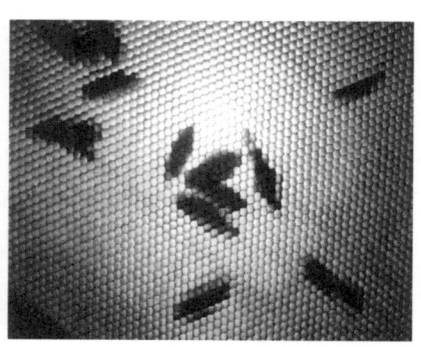

图20　用FRP包裹的现代版韩式推拉门　　图21　蜜蜂聚集到看似蜂巢六角形结构的镶板上

图 22　两面墙相互倚靠的结构和隧道状结构

图 23　将墙壁倾斜地配置在一起，立刻增大了强度

用 FRP 镶板从两侧夹住纸制蜂巢的现代版韩式推拉门只有 46 毫米的厚度。若仅用这种薄板去搭建一个有强度的建筑，还需再次借助倚靠结构才能完成（图 22）。面对面的两个"墙壁"倾斜着相互倚靠，其结构虽然稳定，但由于倾斜，头部很容易碰到墙壁，只能创造出狭窄的空间。这不是我们喜欢的。于是，我们将墙壁与地面呈直角接合，在它们的上面架上屋顶，做成隧道状结构。虽然不会再碰头了，空间也很宽裕，但就结构而言，墙壁与屋顶的结合部分却暴露了弱点，如果遭遇地震，一定是多米诺骨牌式的崩溃。

为了解决这一问题，"两面墙不能呈平行状，再将墙壁略微倾斜、相互错位倚靠就可以了"（图23），负责结构设计的江尻宪泰先生的一席话让人茅塞顿开。相对的倚靠，却要打破彼此间的平行，这三维式的倚靠产生了我们需要的强度。

纸蛇（paper snake）

重视平行和直角、一切组合井然有序而且合理，那么就可以得到你想要的强度，这是20世纪的一般性常识。但是，在安养却发生了完全相反的情况。尽管两面墙不是平行的，而是倾斜错位的，强度反而得到了保证。一个杂乱、散落、一开始就似乎是崩溃的东西却十分牢固，这的确有趣。我隐约感到，在秩序井然却过于完整，甚至过分规矩之中是否潜伏着什么脆弱呢？这种直觉挥之不去。

当墙壁或天井失去平行时，一个更有趣的现象出现了。如果拘泥平行、直角的话，无论如何那都是形状的终结，会将自己困在其中。而平行、直角一旦崩溃，就无法完结，自然的形状在伸展，森林中的建筑在延伸。曾是箱子一样的东西，伸展着在森林中不断蜿蜒，那是建筑开始行走了。墙壁连接着天井，然后与地面连接并不断呈螺旋状运动，毫无停止的迹象。这简直就像蛇一样。像蛇一样弯曲徘徊，在森林中不断蜿蜒行进，我们将这个展馆命名为"纸蛇"（图24）。

森林中小巧雅致的"小建筑"十分活泼可爱，可以自由行走。当平行、直角这一陈规戒律消失的瞬间，原本很小的东西开始徐徐伸展，它赢得了宇宙一般的空间。我似乎感觉到了，这里隐藏着一种令人叹为观止的跃动。"小建筑"要跃向世界！冥冥之中好似它与世界的本质、宇宙的本质相通，一个令人怦然心跳的神秘出现在眼前。是呀！所以 DNA 是螺旋状的，我于这玄妙中顿悟。

韩国人喜好郊游。他们不喜欢在日本庭院那种人工建造的自然中漫步，只喜欢置身于森林之中。这大概就是前面提及的韩式世界观、自然观的缘故吧。从首尔到安养，有一条连接两地的森林郊游线路，尽管路途遥远，但人们仍喜欢长途跋涉。在这条线路的尽头，纸蛇迎接着一路疲惫的人们。纸蛇介于原生态且粗放的韩式自然环境与柔弱的人类之间。这里存在一种和日本完全不同的自然与人类关系。对日本式那种井然有序的雅致自然环境而言，无须往来踱步且静寂的类似茶坊的"小建筑"与其十分相符。但对韩国式跨步前行的勇敢者而言，那螺旋状可延伸到任何地方"行走"的建筑才是再合适不过的。

铝材的蜂巢

这个纸蛇让我彻底变成魔法一样蜂巢结构的俘虏，不过这都是后话。看来蜜蜂迷恋这一结构建造的巢穴也是有道理的。只是稍许偏离平行和直角，竟能在任何环境中赢得可延展的最大自由，这是蜜蜂们的发现。蜂巢，正是为了将"小"与世界连接的武器。

在纸质蜂巢之后，我们又与"铝质蜂巢"相遇。因为我们知道，有一种技术利用仅 20 微米厚度的箔片铝板即可获得和混凝土一样的强度。这个铝质蜂巢利用了制造飞机机身的技术，它坚固而且轻盈。多亏了这魔法般的材料，我们实现了让一个庞大物体像飞机那样飘浮在空中的奇迹。还有，这个铝质蜂巢不仅坚固还十分漂亮。光线照在铝质蜂巢那小小的界面，再从不同的角度反射出去，产生了宛如光粒子被冻结在空中的一面墙。

086

图 24　如蛇一般在森林中蜿蜒行走的纸蛇（2005 年）

修复银座的蒂芙尼（Tiffany）大厦

蒂芙尼大厦面对银座大街，当接到修复它的邀请时，我立马想到可以利用这魔法般的蜂巢去尝试一下。知道蒂芙尼的钻石为什么那么耀眼夺目吗？首先，用名为"爪"的特殊钻石镶嵌卡位将钻石在戒圈上"浮起"，这样光线也能从钻石的底部反射出来。同时，在打磨钻石的时候，竭尽可能地计算出钻石表面角度，从而最大限度地呈现光反射，这便是蒂芙尼钻石的制作诀窍。利用"一小粒"钻石，将光这一现象最大化。所谓钻石就是可以制造奇迹的那个"一小粒"。如果利用通常隐藏在飞机机翼中、你无法看见的铝质蜂巢，或许一样可以达到用最小物质将光这一现象最大化的目的。

银座的修复项目受限极多、难度颇大。项目不是新建，而是修复已建好的大厦，其难度在于必须展现经过修复的"个性"。不仅如此，还不能破坏外墙。还有一个棘手的问题，由于四至九层非修复部分商户还在使用，因此不能破坏他们从房间向外眺望的景色。

我们给出的方案是，利用槲寄生①的特性修复大厦——为大厦外墙贴上蜂巢镶板。既存的大厦是一栋普通的钢筋混凝土写字楼（图25），在钢筋混凝土墙面贴上铝质蜂巢这一"小建筑"之后，犹如在厚重昏暗的混凝土"箱子"上挥洒光的粒子。如同使用了彼得潘（Peter Pan）手里的魔法棒，为整个大厦挥洒上一片银光。

在铝质蜂巢的两侧加上玻璃制成类似"三明治"一样的镶板，就制成了"光

---

① 译者注：槲（hú）寄生，一种寄生于其他植物的寄生植物，也称"冬青""寄生子""台湾槲寄生""北寄生"等。

图 25　银座蒂芙尼大厦（修复前）

的粒子"。蜂巢是透明的，不会遮挡视野，自然就不会妨碍人们从室内眺望远方的景致，因此受到四层以上办公商户的热烈欢迎。

用"槲寄生"覆盖大厦

对了，每个"小建筑"都附带四只脚，简直就像无数个槲寄生将根须植入古老的银座大厦。

在相当于槲寄生根须的部分，配有用于掀背式汽车后盖的特殊铰链（图 26）。

图 26　将蜂巢镶板固定在外墙的特殊铰链

使用这种柔韧的铰链，"槲寄生"就可以从任何角度与混凝土墙面连接。一群小小的"槲寄生"就这样从不同角度寄生在古老的建筑上。

铝质蜂巢的"槲寄生"是彼此自立的"小建筑"。银座蒂芙尼大厦变成了 108 个"小建筑"的集合体。108 个"小建筑"寄生在庞大的写字楼，巨大且笨重的写字楼变身为一栋玲珑可爱的建筑（图 27）。

城市这个笨重的集合体，若能如此被分解为"小建筑"的话，一定很有意思。人们总是认为组成城市的单位是大厦，但是大厦这个单位相比人类这一生物实在过于庞大。因为就算是修复，修复对象的单位依旧是大厦，那么若想更换大厦的墙壁，工程量就太大了。但是，若将蒂芙尼大厦"槲寄生"这样的小东西作为单位的话，就另当别论了。让"槲寄生"只在自家窗户上为了自家的生活所需而寄生，并非没有可能。例如，很可能会出现只为自己寄生的太阳能发电控制面板。仅此，城市与人类之间的关系就会发生根本性改变。也就是说，在城市超高层建筑的墙壁上、在各种"大建筑"的墙壁上，可以寄生自由装卸的、十分轻便的"小建筑"。如此一来，城市这一过于笨重的集合体、建筑这一过于庞大的集合体将被小小的"槲寄生"一一击破。

图 27　银座蒂芙尼大厦（修复后，2008 年）

西班牙格拉纳达歌剧院

蜂巢构思的故事还有后续。西班牙古都格拉纳达要建造一座新的歌剧院，通过竞标，我们以蜂巢为基本设计的方案被选中。我们充分意识到蜂巢所拥有的生物性自由和强度，并将这一原理应用到歌剧院这类大型建筑之中。格拉纳达，因著名的伊斯兰建筑"阿尔罕布拉宫"闻名遐迩。阿尔罕布拉宫，因整个建筑不受直角束缚、拥有自由自在的几何学样式而美不胜收（图 28）。我们的蜂巢结构与阿尔罕布拉宫流派的自由几何学可谓遥相呼应。

格拉纳达歌剧院，按照设计可容纳 1500 人。如果按照一次容纳 1500 人的规模来建造剧场，恐怕也只能呈现一个盒子模样的巨大箱体，然而这将偏离格拉纳达街区原有的中世纪小空间风格。那么，若汇集 30 个以 50 人为单位的"小建筑"，去建造可容纳 1500 人的歌剧院的话，应该与这个古老的"小街区"非常吻合吧。当你打算用小单位汇集成一个巨大整体时，若使用四边形作为单位，其表象就会过多呈现以直角为基础的僵硬格子，这与古老繁杂的街区实在难以吻合。但是，若将六边形作为单位连接出蜂巢形状的话，马上就会给你极富弹

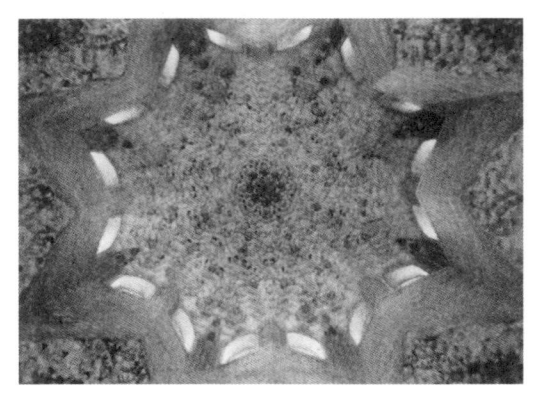

图 28　阿尔罕布拉宫的穹顶

性的连续感，这与格拉纳达的街区风格十分吻合（图29、图30）。

如何将"微小"顺畅且游刃有余地与庞大世界相连？蜜蜂选择了六边形。蜜蜂的智慧也可应用于建筑。由于六边形能够相互咬合、相互倚靠，因此它坚固又不失温和。

图29　格拉纳达，表演艺术中心的模型

图30　格拉纳达街区的表演艺术中心（设计完成的预想图）

屋顶的秘密

在格拉纳达，我们用六边形将一个庞大建筑分解成"小建筑"。而在东京浅草寺雷门前的浅草观光文化中心项目中，我们则尝试了用完全不同的手法来分解庞大体积。

这里的用地面积仅有100坪（约330平方米）。台东区的委托是希望我们建成一个限高不得超过39米的多用途公共建筑。一、二层是浅草观光游客的信息中心，六层是可以欣赏日本"落语"的小剧场，八层是可以一边喝饮料一边观赏Tokyo Sky Tree（东京天空树）的咖啡店和露台。总之，要求还是比较多的。

依照普通做法，要汇集如此之多的功能于一身，多半会建成一栋八层高的笔直大厦。但将它和眼前的雷门相比，怎么看都觉得太大了。那么，既能按照要求满足所有功能又可以实现"小建筑"的目标究竟是否可行呢？

灵感来自五重塔。无论在中国还是在日本，修塔是相当慎重的一件事。如果修建一间平房，盖好屋顶后只要屋檐伸出，雨就不会淋湿木材外墙。木材得到屋顶、屋檐的保护，自然可以延长使用寿命，这对平房来说一点问题都没有。但如果用木料修建高层建筑的话，即便屋顶、屋檐做得再好也无法防御雨水。木料的柱子、墙壁经过雨水冲刷很快就会腐朽。

于是我们有了将屋顶做成五重塔那样的构思灵感。也就是说，如果将平房建筑做成好似五个叠加在一起的五重塔断面，每层的屋顶便可保护木质材料。屋顶、屋檐不仅可以在雨中保护建筑，还可以发挥造影的作用。屋顶重叠的建筑即影子重叠的建筑，那么即便是高大建筑，也不会有被影子覆盖的那种压抑感。在雷门前运用这种手法建造一个八重塔样式的现代建筑，这就是我们的设计方案。

通过使用与格拉纳达蜂巢结构完全不同的手法，我们发现了将大型建筑变小的分割方法，就好像 8 间木制平房住宅叠加在一起的样子（图 31）。有意思的是，无论哪一层的窗檐都可以很好地占据一片景色，楼下浅草寺内的商店街就像自家庭院一样，感觉近在眼前。而这种"近在咫尺"的感觉都是因为屋顶才产生的。

两种材料倾斜、相互倚靠，即可成为屋顶。因相互倚靠，可于平坦的大地

图 31　浅草观光文化中心（2012 年）

为人类支起一片空间。倾斜材料形成的屋顶将眼前的庭院连接成一个整体便是如此。亚洲的低层建筑，多以屋顶为媒介连接地面。因为有了屋顶，人类才与大地成为一体。不管你在二层还是在八层，屋顶总是连接着人与大地。浅草的"八重塔"设计，向我们倾诉了屋顶的秘密、屋顶的力量。

编 织

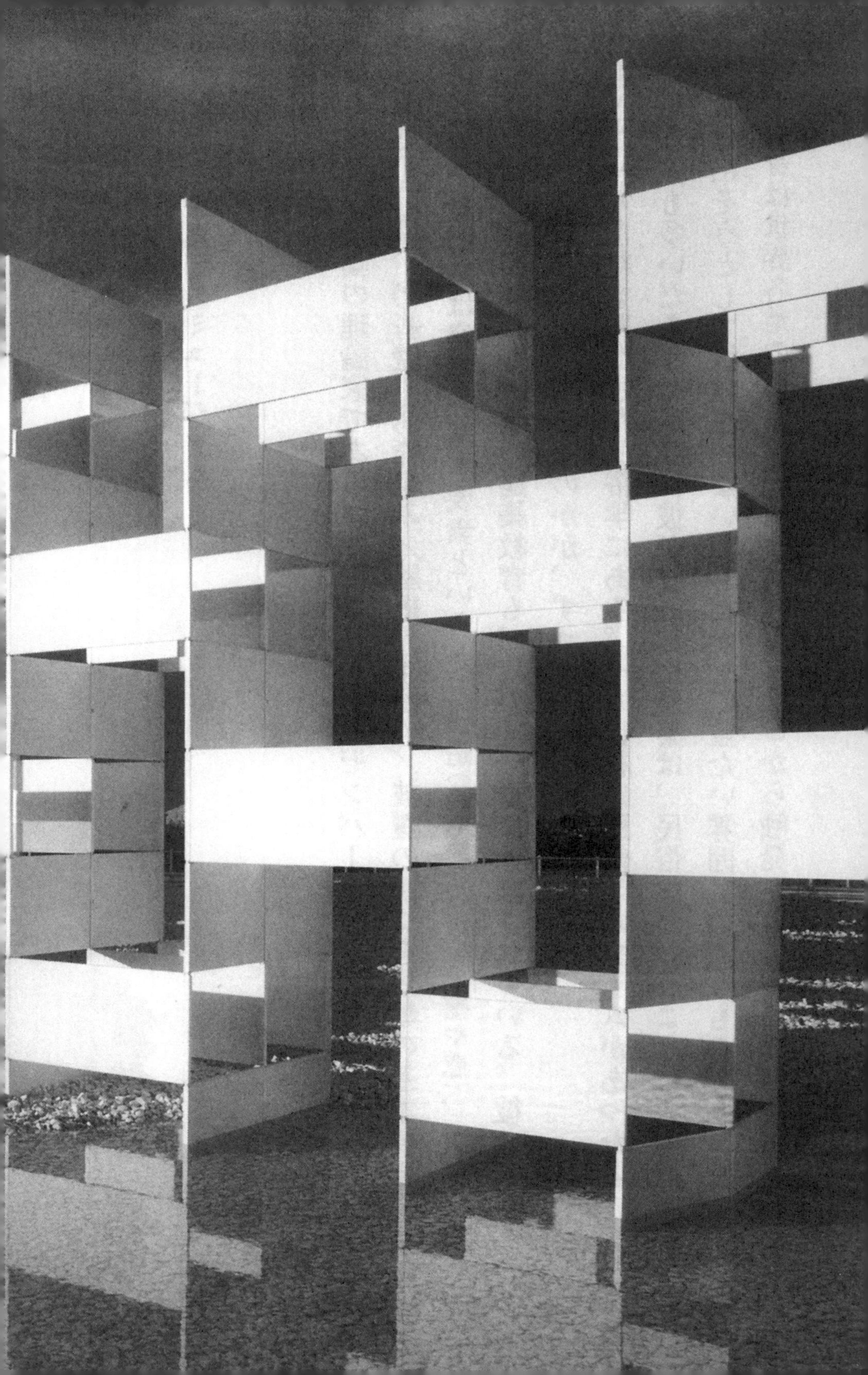

编织木材——"千鸟格"的工艺美术馆

森佩尔和民俗学

19世纪最重要的建筑理论家戈特弗里德·森佩尔（Gottfried Semper，1803年~1879年）在其著作《建筑的四要素》中，曾提出将火炉、基台、结构框架/屋顶、围护墙/覆盖作为建筑的基本要素。但一般而言，建筑的基本要素分为结构（柱子和房梁）、表皮（墙壁和窗户）和设备三种。不管是建筑界还是大学的建筑学教育都是如此划分。究竟是什么原因促使森佩尔提炼出如此独特的四要素，我始终无法理解。

我认为，其神秘原因应该在于森佩尔所生活的19世纪曾风靡一时的民俗学吧。听到19世纪曾出现过民俗学的热潮，恐怕不少人会倍感意外。因为实际上森佩尔所设计的建筑，与其说受民俗学影响不如说始终带有一股欲摆脱正统古典主义却始终无法挣脱的沉重与挣扎感（图1）。但是，他潜心研究世界各地的原始居所，从中获取灵感，进而提出他的四要素却是毋庸置疑的。

19世纪中叶，通过万国博览会这一新媒介，当偏远地区的居所形式被介绍到欧洲后，确实给欧洲带来了巨大的文化冲击。可以说，万国博览会成就了森佩尔的理论。就民俗学的视角而言，我们很容易联想到20世纪后期以克洛德·列

图1 森佩尔设计的德累斯顿歌剧院（1841年）

维·斯特劳斯（Claude Lévi-Strauss）[①]为代表的结构主义者，但事实上19世纪欧洲所遭遇的"另一个世界"的冲击之大是你无法想象的。

织物才是原型

森佩尔将游牧民的文化视作"原艺术"，认为这是最接近人类原型的文化。而在游牧民的文化中，他最关注的是织物文化。森佩尔认为，织物的延伸便是建筑四要素之一的"结构框架／屋顶"技术。他推断人类最初发明的结构物体就是绳结，而绳结则是织物的原点。从绳结派生游牧民的帐篷，于是诞生了四要素之一的"结构框架／屋顶"。他继续展开推理，认为德语的墙壁（wand）一词和衣服（gewand）、卷起来（winden）等单词是相关的。这就是"布与建筑为同类"的大胆论述（图2）。

如何摆脱古希腊、古罗马以来修筑厚重建筑时对堆砌石料的依靠，是19世

[①] 克洛德·列维·斯特劳斯（Claude Lévi-Strauss，1908年～2009年），法国著名的社会人类学家。著有《忧郁的热带》《野性的思维》等作品。

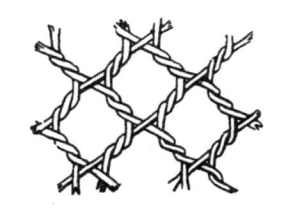

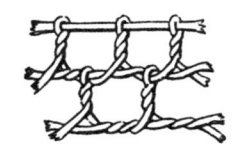

图 2　森佩尔从游牧民的织物中发现的图式

纪以来建筑界的最大课题。针对如何挣脱堆砌石料这一欧洲建筑原理的束缚，森佩尔希望从织布这一行为中找到答案。他将堆砌石料的行为限定为四要素之一的"基础"作业。在这坚固的基础上，如同绳与绳的结合造就了纺织的布匹一样，他在编织"结构框架／屋顶"的行为中看到了建筑的本质。

不把建筑当作已经存在的"死亡"之物来对待，而是以"制造"建筑这一行为为出发点，这正是森佩尔理论的有趣之处。面对已经存在的建筑，如果不以旁观者的视角去眺望、去品头论足，而是站在"建造"的立场思考，你就会有意想不到的发现。那将是一个完全不同的建筑。通过日复一日的设计工作，当你身处施工现场，你定会对制作物体的过程一探究竟。这就是我的基本态度。而早在19世纪中叶竟曾经有人与我一样试图通过"制作"行为对建筑重新定义，这让我惊讶，让我感动。

从"积垒"到"编织"

森佩尔的思路与我不断演化而来的"小建筑"思路简直不谋而合。我的思路，始于关注像砖这类"小"要素的积垒行为。之后，不再是单纯的要素积垒，而是要素彼此之间的倚靠方式，也就是说把兴趣转移到倚靠结构。倚靠结构最重要的是倚靠的难解难分。所谓"难解难分",换言之就是要素与要素之间的编织。编织得越好,建筑就越牢固,于是用极少的物质修筑坚固的建筑就成为可能。

森佩尔发现了"编织"的方法,这给了我诸多灵感。的确,当你将建筑视为游牧民帐篷一样的织物时,建筑的可能性就骤然变得辽阔。那个以往笨重的建筑一下子犹如沙漠之风,开始忽闪忽闪地自由翻飞。

米兰萨隆家具展(Milano Salone)

从倚靠结构转向真正"编织"结构的机遇来自米兰。我接到委托,希望我在名门索佛萨(Sforza)家的中庭设计一座小亭子,该家族曾因为列昂纳多·达·芬奇(Leonardo da Vinci)提供赞助而广为人知。这是一个为了参加米兰萨隆设计活动的临时建筑,是希望一周之后可立即拆除的临时性项目。这简直就像游牧民可随时迁移一样,因此要求它是轻便的"小建筑"。

能否有一种可瞬间组合,随即向风一样消失得无影无踪的建筑呢?在索佛萨城堡那厚重的石材中庭里,是否可以用木材"编织"一栋可随时迁移的建筑呢?

飞騨高山流传的"千鸟"

召集大家商讨方案时,其中提及日本的飞騨高山地区有一款颇为有趣的玩具——千鸟。这个名曰"千鸟"的玩具(图3)其实只有数根短木棍组成,看似无聊乏味,其实短木棍中隐藏着天大的秘密。

图3 飞騨高山流传的千鸟玩具

通常的木造建筑均是根据十分简单的原理建造的，日本也不例外。将两根木棍进行"编织"是世界上木造建筑的共同原理；当然，只有一根木棍是无法称之为建筑的。两根木棍如果可以相互连接，也就是如果可以相互编织并不断反复这一操作，你就可以获得三维的立体建筑。世界上的木造建筑基本都应用了这一简单原理。

两根木棍的连接方法有很多种。既有用钉子或螺栓强行编织的方法，也有在木料上凿出嵌口，无须使用金属进行编织的方法。在日本，这种手工嵌口被称作"继手"（接口），技术精湛到极致，其巧妙程度在世间也是罕见的。日本的工匠们十分清楚铁钉或螺栓易生锈腐朽，反倒寿命极短，于是不使用金属的嵌口方法在工匠们的手中不断演化、进化，木造建筑的寿命也因此越来越长。世界上最古老的日本木造建筑法隆寺就是这一技术的象征。

当看到千鸟时，我就知道它很可能超越迄今为止我所知道的所有连接嵌口。为什么这么说呢？因为通常的嵌口体系由两根木棍彼此镶嵌连接，而千鸟的嵌口却由三根木棍连接为一体。一般嵌口的连接是由两根木棍彼此少许嵌入而成，即木棍与木棍相互编织。然而，像千鸟这样由三根木棍于一处相交，究竟是如何制成的呢？彼此相互嵌入，那余下的断面面积哪里去了？

是的，想出千鸟玩具的飞驒工匠确实轻而易举地解决了这一难题。运用曲面，制作一个巧妙的嵌口，他们就这样解决了！曲面，使得彼此嵌入后能够扭转。三根木棍交汇于一点，其中一根在最后进行扭转即可（图4）。之后，三根木棍竟然不可思议地纹丝不动。

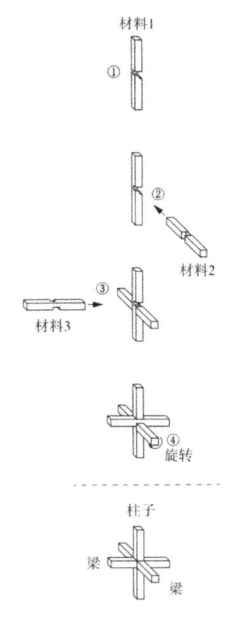

图4 "编织"三根木棍的千鸟结构

这简直就像在表演魔术。运用这种魔法，一条横丝、一条竖丝再加上一条垂直丝的三维织物就出现了。也就是说，从一次元的木棍可以编织出三次元的"木料布"。

一个念头闪现：只利用从日本带去的凿好嵌口的细木棍，利用这个千鸟原理，在米兰这座古老的城堡中建造一座不使用铁钉或黏合剂的三次元建筑。当为期一周的展会结束时，无须面对诸如拔铁钉、处理黏合剂等麻烦事，只须反转木棍，将这一复杂的三次元物体解体成一次元的木棍就可以了。

索佛萨（Sforza）家的中庭

在米兰的这座古城堡突然出现一座木制的亭子（图 5），它比我们想象的更纤细、轻灵，似乎靠上去就会倾倒。日本木造建筑的纤细是世界上少有的，但通常柱子的最小断面也有约 10 厘米见方；而在米兰构成千鸟的木棍仅有 3 厘米粗。在千鸟的嵌口处，三根木棍交汇于一点，其交汇处木棍只有 1 厘米粗，其纤细程度令人难以置信。如果是一般的木造建筑，各个连接之间的距离都在 2～3 米，而这里的距离只有 30 厘米，它犹如热带丛林一般，由无数个纵横交错的木棍组成，分担着重力。于是，一个纤细的结构体奇迹般地诞生了。

从日本随行而来的两名学生，为了组装这个复杂的立体物整整花费了四天时间。为期一周的展会结束后，千鸟就像四散的人群，这如云的稀薄物体从石材建造的中庭消失了。就像游牧民支起帐篷而后又于瞬间将其解体，这简便程度竟是通过木棍实现的。木头可以像布匹那样使用。我要感谢与飞驒工匠们传承的智慧不期而遇，150 年前森佩尔所言"编织建筑"的概念已不再是一种比喻，而是作为现实的物体呈现在我们面前。

小建筑 | 105

图5 米兰的"千鸟"(2007年)

"千鸟"制作的小型博物馆

在米兰呈现的"千鸟"只是一座连屋顶都没有的框架,还不是现实中人可以居住的真正建筑。但是,既然已经走到这一步,接下来当然很想建造一个可以永久使用的"编织建筑",而不是只限于展会期间的那种临时展馆。

就在我混沌茫然的思考之际,曾在水砖项目中给予我诸多关照的中尾真先生找到了我。在爱知县的春日井,中尾先生所在的牙科相关器材专业公司(GC)为了展示该公司的历史,邀请我设计一座小型展馆。当听到"小型展馆"时,我眼前一亮。如果要将大型艺术馆建造成"编织建筑",难度实在太大。但如果是小型展馆,或许八九不离十吧。一般的建筑家,每当承接大项目时就会露出那么一点卑微的窃喜,殊不知越是小项目机会就会越大。在大项目中,要想实现一个有意义的构思其实很难。多数情况下,会不得已再次启用既成的乏味无趣的构思,或许其中还会有在所难免的忽悠的成分。如此一来,巨大的建筑极有可能成为一个"巨大的垃圾"。

也许就因为"建在普通住宅区的空地"这句话吧。周边木造住宅弥漫的人情味与千鸟应该是十分投缘的。更何况构成千鸟的小小框架即可成为博物馆的展台。我的眼前已然浮现出一个由无数小展台汇集而成的展台集合体建筑。于是,我立即打电话给结构工程师佐藤淳先生,米兰项目的结构设计也是他做的。就这样,一个临时搭建的、游牧民式的木制帐篷开始朝着永久性的、人类可以居住生活的真正建筑演化了。

根据佐藤先生的计算,要达到日本的抗震要求,米兰项目使用的断面3厘米见方的角材木料无法使用,木料的断面至少要6厘米见方才可以。其实,6

厘米见方的角材已经足够细了。因为与木造建筑一般以 10 厘米见方的柱子为基本材料相比，我们用 6 厘米见方的木材建造的、间距为 50 厘米的网格框架已经算是难以置信的纤细和轻灵了。佐藤先生将 6 厘米见方的千鸟框架拿到东京大学建筑学科的地下实验室，反复做了各种强度试验（图6）。普通木造建筑，由于使用的是标准尺寸木材，因此根本无须进行这类试验。但是，此次要用 6 厘米见方的细木料去编织宛如蜘蛛的巢穴，且是修建三层高的永久性建筑，因此设计团队的所有成员都绷紧了神经。此外，

图 6　在东京大学做强度试验

图 7　GC 公司的小型博物馆

图 8　50 厘米见方、攀登架一样的 GC 公司小型博物馆内饰

我们使用计算机，进行了相当于超高层建筑水平的结构分析。因为毕竟这是要用犹如火柴棍一样的木料，在不使用铁钉、不使用黏合剂的前提下建造一座三层高的建筑，我们必须慎之又慎。计算工作十分艰苦，而施工更是难上加难。但是，松井建筑公司的木匠们却从未有过一句怨言。（图 7、图 8）

现代"大佛样"

在最容易遭受雨水侵蚀的木材顶端，我们用丙烯类涂料将其涂成白色。木料的顶端因植物导管暴露所以极易受到雨水的侵入。为了防止木料被腐蚀，从前的木匠会将贝壳捣成粉末，然后溶于动物胶涂抹在木料的顶端进行保护。

木造建筑，最需要费心的便是如何保证它们不被雨水侵蚀。探出的房檐是防备雨水的基本。于是，我们按照木制框架每向上一点就向外侧探出一点的方法来设计，其最顶部用屋檐来守护（图 9），如此就可以建造一个既不怕雨水

图9 GC 公司小型博物馆的最顶部和檐端的白色涂料

图10 与 GC 公司小型博物馆拥有相同断面的东大寺南大门的木结构

也不怕紫外线的坚固建筑了。这种越往上走断面越向外探出的建筑构造与奈良东大寺南大门被称为"大佛样"的木结构样式十分相似（图10）。在日本，将镰仓时代由僧重源引进的中国建筑结构称作"大佛样"。它以最少木材获取最大强度，是中国式结构的合理性在华丽框架中的完美表现。

遗憾的是，这一大佛样在日本很快就濒临绝迹，现今除了东大寺的南大门，只剩下兵库县净土寺中的净土

图11 传承大佛样的净土寺净土堂内部

堂（图11）。对日本人来说，相较去追求结构的合理性，其实对打磨细节更感兴趣。无论是从前还是现在，相比系统的合理性，日本人可算是拘泥细节的痴狂者了。

太宰府的星巴克

编织木材的结构又有了新的拓展。我们接到委托——在福冈县太宰府的参拜大道中段附近设计一座星巴克咖啡馆。

我原本就对星巴克咖啡馆十分感兴趣。因为我觉得那里有一种十分独特的"小"。要知道，敢于在一个巨大的空间里，对提供"巨大"美式咖啡、盛行于20世纪的美式咖啡厅提出质疑，这才是星巴克的本质所在。这里就像欧洲街巷的咖啡店铺一样，在整洁雅致的"小空间"里端出一杯宛如意大利浓缩咖啡一样的"小"咖啡，星巴克对美国的"大"提出了批判。

星巴克成立于1971年。在20世纪60年代的美国，像星巴克这样"小"的咖啡馆是绝对无人问津的。纽约林肯中心有关咖啡厅的轶事向我们传递了美国那个时代的风潮。林肯中心是纽约最大的文化中心，竣工于1962年。巨大的广场周围环绕着三个剧院（图12），曾参与设计该文化设施的建筑家菲利普·约翰逊(Philip

图12　林肯中心被剧院环绕的广场（菲利普·约翰逊，1962年）

Johnson）向我们讲述了其中的趣闻。据说，约翰逊曾提议在面对中心广场之处修建一个宛如欧洲街巷才有的那种可以品尝意大利浓缩咖啡的小小咖啡馆。就是店铺虽小、但席位可以摆设在广场提供咖啡的那种。然而，这样的提议在20世纪60年代是无人理会的。总是偏好"大"的美国人怎么可能光顾如此小的咖啡馆呢，这就是当时美国人的反应。不过，自从星巴克登台亮相之后，就连美国的城市也开始向"小"发生改变了。

不过即便如此，至今我仍对星巴克"心怀不满"。因为就算店铺是小型的，但全球统一模式的店内装饰却让星巴克失去了"街巷小店"或"小店与街头浑然一体"才有的那种"小"氛围。倘若在全球推行统一内饰的模式，岂不是与肯德基或麦当劳等这类"大型连锁店"毫无区别了吗？于是，我提出："既然要在太宰府天满宫参拜大道附近盖咖啡馆，何不建造一座独一无二的'编织木材'的建筑呢？一座与现今完全不同、复杂的一塌糊涂、只有日本工匠才能建造的星巴克。"

认真且巧妙编织木材的技能可以说正是日本建筑最出彩的地方。但近来日本的工匠却几乎得不到发挥这一技能的机会。因为日本建筑本身已经堕落到只承揽单一包装设计的境地。以至于有人将胡乱粘贴日本和纸、木材、榻榻米这类纹理贴图的套装商品也称为"日本建筑"或"和风"。如此一来，还有什么脸面去嘲弄人家麦当劳和肯德基呢？

当然，参拜大道尽头的太宰府天满宫也是呈现编织木材技巧的著名建筑（图13）。因此，当我提出在它前面修建一座同样利用编织技巧、希望成为全世界只此一家的星巴克时，不仅得到了位于西雅图的星巴克总部以及该店负责人松本优三先生的同意，就连担任太宰府最高神职的西高辻信贞先生也兴奋地说："如此，与太宰府简直就是天作之合。"

图 13　太宰府天满宫，屋檐下方的木材"编织"结构

纯粹"倾斜"的空间

在这间 33 米纵深的空间里，你可以发现与 GC 公司小型博物馆完全不同的编织手法。因为若与春日井市 GC 公司的小型博物馆采用相同的手法，我们竭力提倡的"仅此一家"及其独特性岂不是要半途而废？

我们"踏破铁鞋"，终于找到了一个将 6 厘米见方的木材倾斜编织的方法。不过这的确是个异常繁琐且很费功夫的方法（图 14）。GC 公司小型博物馆呈现的是三根木棍交汇于一点的连接体系，就细节而言已经是非常困难了，而这次却是将四根木棍交汇于一点，其难上加难的程度更是超乎想象。不过，严谨地说这并不是四根木棍交汇于一点，而是十分微妙地错开两点，这样问题终于解决了。这里的所谓"编织"，与 20 世纪用铁钉、螺栓或黏合剂进行固定的方

图 14　用 6 厘米见方的倾斜材料编织而成的太宰府星巴克的部分细节

法相比，其中的差异完全不在一个水平线上，那层出不穷的难度也的确让人倍受煎熬。

　　最为重要的是，这个倾斜的框架绝非装饰，而是支撑该建筑的结构体。无论你装饰出怎样的奇妙形状，生物体对此是没有反应的。而支撑巢穴的结构体为何种形状，却与自身的生死及安全有着直接的关系。所以，生物体对结构体是敏感的。与挑战一个新的内装饰相比，挑战一个新的结构体系更需要付出几十倍、几百倍的艰辛。

　　但是，也正因为付出了这种艰辛，一个枝繁叶茂的森林空间诞生了。至于如何利用倾斜的建材，这在日本建筑中是非常谨慎的事情。斜撑（图 15）等倾斜材料虽然对强化建筑的坚固十分有效，但在只有直角才能完成的空间中，如果插入倾斜材料的话，这种倾斜呈现的杂乱也将丧失整体的纤细度。所以，日本的工匠对此总是保持十分谨慎的态度。在原本就十分狭小的空间里，让直角与倾斜交汇，一直以来都是日本人极力回避的。

但太宰府项目正好相反，这里的空间由"倾斜"构成（图16）。原本应该是杂乱的倾斜，在这里却成为主旋律，它超越了杂乱。好像被又细又小的倾斜材料产生的一股涌流吸引，你的身体会不由自主地追随洞窟状空间一步步向纵深而去。或许这就是"编织"行为所拥有的力量吧。只在箱体的内侧粘贴壁纸或板材，空间是不会产生涌流或动感的。只有去编织，整个空间才会出现涌流。置身于这股涌流之中，身体被吸引至店内细长空间的尽头，直抵结缘太宰府的那棵梅树。

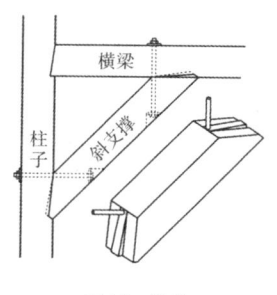

图15 斜撑

云一样的建筑——编织瓷砖

在意大利编织瓷砖

之后，"编织"结构在更多领域得到扩延。其中之一就是编织瓷砖结构体。所谓瓷砖，也许一般人认为那就是贴在混凝土上的薄薄的装饰材料。的确，对"大建筑"而言，不管是瓷砖还是石材，它们都是贴在混凝土上的一层淡妆。因为要想赋予庞大物体某种性格的话，贴上一层薄薄的东西是再容易不过的方法了。

图 16 太宰府星巴克以"编织"结构支撑的洞窟状空间（2011 年）

如果你想呈现厚重的性格就贴上石料板材，如果你想呈现温馨的质感就贴上条砖，对如今的"大建筑"来说，这是最一般化的"大人的做法"。贴上什么样的"化妆品"是由"市场专家们"决定的事，比如他们会说："在这个地段，如果公寓是卖给这个客户群体（客层），瓷砖就用略微明快色调的南欧风格吧。"就这样，城市被这类"大人"创造的"巨大"的冒牌建筑、粉饰建筑淹没，实在让人难以忍受。

没想到，最讨厌那薄片瓷砖的我却偏偏突然收到意大利著名瓷砖厂家卡萨尔格兰德（Casalgrande Padana SPA）的邀请，请我利用陶瓷砖在意大利中部雷焦·艾米利亚市（Reggio Emilia）总部前的环形交叉点正中央设计一座纪念建筑物。

坦率地讲，我并不知道他们的真实意图。说到用瓷砖制作纪念建筑物，通常我们会先用混凝土制作一个奇特的形态，然后在上面贴上瓷砖。由于歪七扭八的自由形态居多，四方形的瓷砖贴起来并不容易，所以多数情况下是拿破碎的瓷砖去任意包裹混凝土。我将它们称作"高迪式的纪念建筑物"。高迪[①]是19世纪末的西班牙建筑家，以自由造型广为人知。他的代表作之一位于巴塞罗那的古埃尔公园[②]（图17）就较多地使用了这一手法。我绝没有抱怨高迪的意思，我只是很讨厌这类被我称为"高迪式"的纪念建筑物。实际上，那只是打着自由艺术的招牌，却丝毫没有摆脱粉饰的混凝土，无不体现"大建筑"的无聊以及对艺术的懈怠。

---

① 安东尼奥·高迪（Antonio Gaudii Cornet，1852年~1926年），西班牙加泰罗尼亚出身的建筑家。给后人留下了一座至今尚未完工的教堂——巴塞罗那圣家族教堂。

② 译者注：也称"奎尔公园"，Parque Güell。

图17　巴塞罗那的古埃尔公园（安东尼奥·高迪，1914年）

好了，使用瓷砖建造的纪念建筑物，除此之外还能想到什么其他方法吗？

在苦思冥想之后，我决定不再把瓷砖当作化妆品，而是把它等同于钢筋、混凝土的结构体来使用，这是制作纪念建筑物的逆向思维。当然我无法确认作为发包方的瓷砖厂家能否接受我的建议。毕竟，这是对"装饰用瓷砖"这一当今"巨大建筑"的挑战和批判，搞不好还有可能惹恼对方吧。我抱着豁出去的心情静候最初方案的审定。

我们准备的提案是，将瓷砖作为横丝，钢管作为纵丝，纵横交错形成近似于织布那样的结构体。根据结构工程师江尻先生的计算，由于瓷砖原料的土质很好，制作这种程度的"小建筑"其强度已经足够了（图18）。使用环氧树脂类的黏合剂将两张瓷砖黏合在一起，那么以瓷砖为结构体的建筑就建好了。

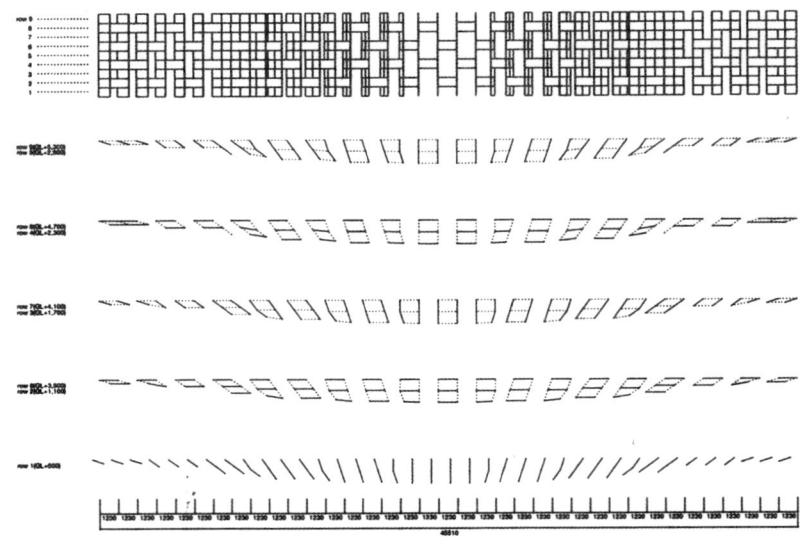

图 18　瓷砖织物的立体图（上端）和平面图

云一样的建筑

这种做法与单纯将瓷砖贴在混凝土上不同，那彻底的轻灵可以建造薄薄的建筑。为了将其特征最大限度地展现出来，我们构想它的两端应该轻薄如纸，是长 45 米，高 5.4 米的板状"建筑"，即一个单纯的长方形的剪影。这里不需要"高迪形状"那样的"艺术"剪影。因为，在这里瓷砖的使用方法与世间常识已然完全背离，因此没有必要再去刻意展露它的形状，更不需要以艺术家自居。

两端部分的薄（图 19）是刻意之举，旨在从远处靠近时将它看似一根针状的细物。当你以为那是一根针的时候，接近环岛绕行之后却发现那根针转瞬之间就变成一个面（图 20）。而且，这个面的自身构成来自那薄薄瓷砖编织的、一块稀松的布。根据不同的视觉方向，它既有透明的时候，也有半透明的时候，

图 19 云一样的建筑——"陶瓷云"（2010 年）

图 20　针向面的转变

图 21　夜晚的"陶瓷云"

偶尔还会有不透明的感觉。迎着太阳，你甚至可以凭借其亮度和暗度感觉它是完全不同的物体（图21）。

我暂且将它称为"现象学的建筑"。世界不是绝对确定下来的存在，而是根据我与世界的关系，以各种各样的形状出现，这是现象学的主张，是一种相对的世界认知。无论是埃德蒙德·胡塞尔（Edmund Husserl）还是莫里斯·梅洛－庞蒂（Maurece Merleau-Ponty）的现象学，均否定了20世纪之前那个绝对的压抑性的世界观。

这瓷砖织物的出现、做法、宽窄、面积——从针到面，从透明的屏风到不透明的墙壁，从闪烁的白色粒子到灰色影子的渐次浓淡——简直就是为了学习现象学的实验室。假如存在云朵一样的建筑，我想应该就是这个样子吧，所以，我给它起名为"陶瓷云"。

云朵是微小水分子（粒子）的集合体。就水分子（粒子）、光源（太阳）和我三者之间的关系而言，云彩会给出各种各样的现象。既有几近透明的时候，也会有类似白色固体的时候，时而还会以黑如墨汁的块状物覆盖天空。水分子虽然"小"，其存在却也能如此广域宽泛、如此多种多样。通过编织瓷砖的技术性挑战，希望能更贴近那神秘的云朵，这也是我赋予"小建筑"的梦想。

上海的三轴织物

编织建筑再次迎来新的改变。在木材的三轴编织、瓷砖的三轴编织之后，我们和布的三轴编织相遇了。

机缘来自上海的一个室内装饰小项目。这次是来自品牌爱马仕的邀请。继品牌经营之后，爱马仕打算在中国另辟蹊径，开拓品牌业务以外的项目，因此希望能与我们进行项目磋商。

当我了解详情之后，竟意外被该项目吸引。因为，迄今为止的品牌经营都是欧洲设计、欧洲制作，然后销售到世界各地，即西欧中心型的"殖民地"营销结构。换句话说，就是"大品牌"营销方略。而此次爱马仕却要挑战所谓的"逆向结构"。他们打算和中国的职业工匠一起制作只有在中国才能制作的手工"小商品"。这完全就是"小品牌"替代"大品牌"。

据悉，通过在中国各地的调查发现，各行各业拥有惊人技艺的职业工匠至今依然在默默工作。例如，在内蒙古依旧过着游牧生活的职业工匠们，仍在用毡编织三次元的布匹（图22）。成都的工匠们，仍在传承烧制超薄陶器的技术。如果薄度达到0.5毫米，陶器便呈现一种可透视一般的半透明效果。若敲击它，便会发出乐器一般的精妙声音。拥有这奇迹般技能的职业工匠，至今依然在中国的腹地默默地坚守着他们的创造。

织毡，原本就是传承至今的一门独特布匹编织技术。它不是纵丝与横丝相交的编织，而是将细细的纤维随意扎起来，以此形成一块布的集合物，这

图22 毡制作的三次元布，用它缝制的"上下"品牌的商品

种织毡的技术可以说达到了森佩尔所关注的"编织"手法的极限。"蒙古包"也是用这种毡制作而成的（图23）。而爱马仕工作人员发现生活在沙漠的职业工匠进一步发挥了织毡的技术，他们用这一特殊技术编织了与人体十分相符的

图 23　用毡制作的"蒙古包"　　　　图 24　三轴织物的细节

三次元衣服（图 22）。

位于巴黎的工作室，不是将最高品位设计师制作的名品配送到世界各地，而是将世界另一端制作的名品逆向输入世界时装的中心。这正是向下与向上的逆转。因此，品牌的名字叫作"上下"。恰如森佩尔试图用民俗的手法打破建筑界的等级制度一样，这个试图打破时装界等级制度的地方正是我的兴趣所在。

此次的名品店内饰项目颇具挑战性，它必定要超越现代与传统这一既成的对立概念。它既不应该是怀旧式民间艺术商店，也不应该是都市风格的豪华奢侈商店。它必须是古老且崭新的，脆弱且强大的。就在我思考这些的时候，与三轴编织布这一不可思议的新素材不期而遇（图 24）。

三轴编织布

通常，布匹由纵丝和横丝两个轴编织而成。用两个方向的丝进行编织，坚固且不易解开。

若不用垂直相交的二轴编织，而用 60 度角相互交叉的三轴编织，可以增加

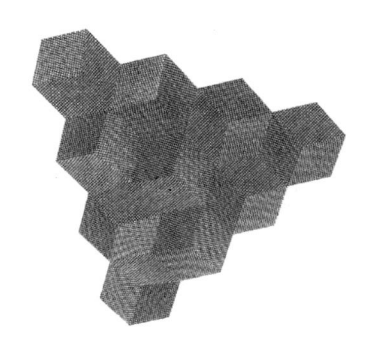

图25 三轴编织布的单元

丝与丝的接触面，增加摩擦且不宜错位。若将这三次元形状用力挤压，就会牢牢形成三次元的凹凸记忆，三次元的布就编织好了。当我见到三轴织物的时候，马上意识到这种技术简直太适合"上下"的内装饰了。这或许可以让布与建筑的边界更加暧昧。将现代技术应用于森佩尔所关注的"编织建筑"上，或许我们可以获得别具一格的真实感。

在"上下"的上海店，我们利用三轴编织布制作的单元（图25），就像垒石一样将布叠加在一起，制作了一个布的洞窟（图26）。

这里的洞窟，并不是简单的孔状空间，也不是挖出来的空间。这里的洞窟是褶皱的聚集。褶皱的聚集根据光的位置，变换着各种姿态。变换姿态则是洞窟的本质。洞窟如云朵一样，毋庸置疑，它就是现象学的存在。洞窟中，没有一个确定的形态，而是根据观察者的移动、根据光的强弱发生各种变化。在这个意义上，洞窟原本就是现象学的存在。我认为"上下"的洞窟是欲彰显现象学流动性的极致。三轴编织布根据光线的位置、观察的角度、视觉距离的不同，有时会让你觉得它是粗糙的岩石表面，有时又让你觉得它是柔软的丝绸窗帘。你眼前会出现一个容貌变换自如的暧昧极致的洞窟。在这里，建筑、内装饰、服装之间的边界在你心中全然失去了意义，你会感觉坚固之物与柔软之物的边界已经毫无意义。

图 26 中国时装品牌"上下"的内装饰(2010 年)

Casa Per Tutti（你我的家园）——从富勒的圆顶建筑到伞形穹顶建筑

大灾难时代

我接到每三年举办一次的"米兰三年展（Triennale Di Milano）"国际设计展览会的邀请，要我设计一个临建的展馆。展览会提出的"Casa Per Tutti"，意思是"你我的家园"，当然也是整个展览会的主题。近年不断发生在世界各地的各种灾难是这一主题的背景如中国四川的大地震、印度尼西亚的海啸、美国的飓风等。接到邀请是 2006 年的事。仔细想来，在"3·11"东日本大地震之前，地球的地壳和气候就已经处在不安定状态。为生活在这样一个时代而深受其害的人们盖一栋住宅，并希望得到建筑家、设计师的意见，这是"你我的家园"的主旨。

受灾者的居所，是否可以无须依赖他人、无须依赖政府，只依靠自身的力量就简单地建造起来呢？我们的设计围绕这一思路展开。受灾人群通常要经历漫长的等待，只有等待物资、材料、能够组装的人到达之后，临建住宅才有可能开始搭建。在此之前，他们除了等待别无选择。那么，不依赖他人和政府，无须等待赈灾援助，总之先利用手边的材料，依靠自己的力量就不能搭建一栋临建住宅吗？在当今世界，不依赖政府的情况逐渐增多，我甚至有一种预感，现如今已经不再是凡事都依赖政府的时代了。

那么若要自己动手制作，材料当然还是轻便的好，体积庞大的建筑材料还是应该尽可能回避。于是，我们首先想到，打开紧急情况下使用的雨衣（雨布），能否支起一顶帐篷？能否将它视为衣服延伸出来的"小建筑"呢？但后来我们发现雨衣的难度实在太大了。只有一块布是无法自立的。因为搭建"蒙古包"时也要找来很坚实的树枝，之后将布覆盖上去。那么当你遭遇灾难时，要想发现一根坚实的树枝，这种可能性太低了。

就在思路遭遇暗礁之时，一个灵感浮现。如果不是雨衣，而是雨伞那会怎样呢？一般家庭的门厅玄关都有伞架，里面竖立着两三把雨伞。避难时拿着它逃离现场也不是不可以。再说，雨伞本身就有支架，即便找不到树枝也足以自立。

是的，即便不是能撑起家一样大小的雨伞，倘若将几个人的雨伞合在一起，是不是可以搭建一个家呢？如此一来，岂不是与展会"你我的家园"这一主题十分吻合？

富勒梦想的民主建筑

我们开始与结构设计师江尻先生进行反复试验。灵感来自建筑家理查德·巴克敏斯特·富勒设计的节能多功能房[①]（Dymaxion House）和富勒穹顶[②]。在20世纪的建筑家当中，富勒大师总是那么特立独行。他与其他建筑大师一样，没有留下任何艺术馆或展馆、超高层建筑。他对设计那些颇具个性、华丽的"大建筑"全然没有兴趣，相反还对这类老套乏味的建筑方式持否定态度，他始终都在摸索全新的建筑方式。

① 译者注：即最大限度利用能源的住宅。
② 译者注：也称"富勒穹隆"（dome）或"富勒球"。

富勒最初设计的节能多功能住宅（图27）是一个巨大的伞形住宅。他甚至创造了"Dynamic"和"Maximum"的组合词汇"节能多功能住宅"。在那段时间，他还策划、实施过诸如Dymaxion车（1933年）等不少项目方案。这些项目的共同点就是利用新技术对当时的美国文明提出批评。

这个只有150平方米使用面积的小型节能多功能住宅对美国人的保守住宅观提出了尖锐批评。富勒批评说，尽管美国人对欧洲那种老式住宅置若罔闻，敢于在荒芜之上创建一个崭新的国家，但只要触及有关住宅问题却保守得过了头。他们依旧遵从以往的起居室、餐厅、卧室等生活区域划分，布置着夸张的陈设和装饰，且划分彼此房间的依旧是厚重的墙壁。并以这种老掉牙的样式不断增加房间的数量，以此获得"豪宅"这一富有的象征。富勒愤愤地说道："在这个崭新的国度、崭新的时代，难道这就是人们的居住方式吗？"

首座节能多功能住宅是一个拥有巨大伞形框架、从空中吊起的小家。这里诞生的空间摒弃了以往对起居室、餐厅的划分，将它们有机结合在一起。富勒否定了直角，他考虑在正三角形60度角的基础上，形成相隔60度错位的三轴

图27 节能多功能住宅的模型（理查德·巴克敏斯特·富勒，1929年）

方式，于是空间的自由扩张成为可能。支撑伞的中心轴不仅在结构上是家的支柱，它还支撑空调、排水等所有供给、循环、排泄系统，是恰如文字描述的"家的主干"。富勒的梦想就是用这个"小家"来替换美国的"大家"。

名曰"富勒住宅"的巨大商品

无论做什么，富勒都是那种不屑纸上谈兵的人，他是真心想改变美国的住宅。当一直等待时机的他预见第二次世界大战即将终结时，他开始付诸行动了。他开始关注即将闲置下来的大型飞机制造厂和在那里工作的工人。他计划利用这些工人的力量来生产大批量廉价的以铝材为主要建材的节能多功能住宅。他开始召集投资商，甚至成立了公司。

这是用一辆卡车即可搬运完一栋住宅所需全部材料、可组装的、只需五六个人用一天时间即可完成的超级预制装配住宅。富勒甚至设想了谁都买得起的价格——6500 美元（大约相当于现在 4 万美元），即只需购买一辆汽车的价格。其住宅原型于 1945 年完成，富勒原打算经过改良之后就进行批量生产，但遗憾的是没能实现。该设计作为商业运作以失败告终，仅留下作为试作品的两栋建筑。

那栋最终实现的节能多功能住宅根据建造所在地地名被称作"威奇托"（图28）。因这栋威奇托被保存在丹佛的福特汽车博物馆，于是我准备前往一探究竟。

这是一栋建造精美的住宅。屋顶由可媲美飞机弧线的硬铝板覆盖，其最顶端为保持室内通风可随风向发生改变的宛如飞机尾翼形状的舵板在闪闪发光。在一个很小的空间里，满载着为了实现功能最大化的各种装置。例如那足以让

图 28 被称作"威奇托"的节能多功能住宅（理查德·巴克敏斯特·富勒，1945 年）

日本家居商家大惊失色的旋转式衣架，那个将铜板弯曲后制作的浴缸，仅此该住宅就可堪称艺术品。

但是，在惊叹的同时也让我明白了富勒失败的原因。富勒利用科技的力量，尝试将建筑进行更彻底的"小型化"。他认为，小型、廉价且满载各种功能的住宅才是不同于贵族式欧洲住宅的美国式民主主义住宅。

然而，富勒忘记了，物理上的小并不意味着民主，廉价也不意味着民主。

我认为，让美国住宅越来越远离美国民主主义本来面目的元凶就是住宅私有化这一社会体系。试图通过引导住宅的私有化来搞活经济，试图让私有化的持有者为了维护私有财产而更趋保守，并借此创建一个稳定的经济、政治社会，没错，这恰是支撑20世纪美国社会的那个"基本设计"。但富勒忘了，不管"小家"有多小，住宅本身早已无可奈何地变成"巨大的商品"。但是说不定富勒是装出忘记的样子吧。因为富勒曾经说过，住宅的私有化不仅逼迫人们去守护住宅，它还剥夺了人们的自由，将人们妖魔化。

"巨大的商品"将人们置于不幸的境地。富勒欲将威奇托做得尽可能小，但威奇托依然足够的大。在不得不倾注一生积蓄的"巨大商品"面前，人的欲望总是过度奢华，总是对那看似永远保值的、夸张的外观和内观充满期待，这是人们无法挣脱的癖好。

我们不能就此嘲笑那些偏爱装饰、偏爱大豪宅的 20 世纪的美国人。威奇托那样的设计之所以没有被当时的美国人接受，并非因为美国人的品位不好，而是因为"住宅私有"这一社会体系本身。

住宅尺寸的大小同样将人们置于不幸的境地。正是因为将如此巨大的东西私有化，这个不幸开始了。这个不幸一直延续到"雷曼冲击"，美国文明自身的极限可谓暴露无遗。所以就算是"小建筑"，也万万不可就此高枕无忧。因为，即便很小，住宅的小与柔弱的身躯相比、与短暂不安的人生相比，毕竟还是过分的大。

查尔斯·伊姆斯的邮购型"小建筑"

暂且将节能多功能住宅归于另类吧，毕竟它未能改变 20 世纪美国住宅的潮流。说到"建筑的民主化"，我倒认为 20 世纪最棒的工业设计师查尔斯·伊姆斯[①]于洛杉矶设计的私人住宅（图 29）给我们提出了一个更有趣的问题。在这里，所谓住宅大小的宿命，竟因意想不到的结构土崩瓦解了。当我走访那栋坐落在悬崖上可以俯视太平洋的私人住宅时，发自心底地想过，如果可以的话我很想

---

① 查尔斯·伊姆斯（Charles Ormond Eames, 1907 年 ~ 1978 年），美国设计师，建筑家。

图 29　伊姆斯私宅（查尔斯·伊姆斯，1949 年）

住进这样的家。没错，虽然有很多"家"是非常出色的作品，但能让人很想住进去的家却为数不多。至少我还从没想过住进富勒的节能多功能住宅。

伊姆斯的家，外观清爽、自然，但它的基本概念极具挑战性、前卫性，与其外观形成鲜明对比。这是个值得重视的概念，这里所有的东西均是通过建材目录清单邮购而来，且家的建造只用邮购的建材。

美国十分辽阔，家的存在就像天空的星星十分散落，因此邮购事业十分发达。在这里，有关住宅和建筑的商品几乎都可以从建材购物清单中挑选，用信用卡结算即可送达。

伊姆斯以这种购物清单体系为前提，提出依靠自身的力量组合"小物件"来建造"小建筑"。家这一整体不是以尺寸的"大或小"来计算，而是以组合单位的小型化，将家这一庞大物体拆分成小物件的集合体。一方面，富勒的节能多功能住宅在极力提倡如何把家盖得更小一些，但结果与"物"相比，依然是足够的大，且是无法分解的团块。我不想住进去正是因为它的构成单位过于庞大。另一方面，伊姆斯家的所有构成元素都足够的小，十分可爱且更具亲近感，让人心情舒缓。

其中，最让我意外的是伊姆斯家中摆放着他从日本买回来的日式漆器托盘。伊姆斯可算是日本迷，家中有不少从日本带回来的小物件，而这些又给家中平添了一份清爽宜人的印象——对"小"的印象。欧洲的餐桌以围绕巨大的饭桌为基本模式，与之相对应的是西洋文化传入日本之前的明治时期。日本的餐桌以漆器托盘为基本模式，即各自将饭菜放在"很小"的餐桌上进行搬运。伊姆斯对日本"餐桌"及用膳方式的"小"如此感兴趣，的确让我觉得非常有趣。伊姆斯很理解"小"的含义，他很理解对人类来说什么是"小"，什么是"大"。所以，他才会利用邮购这一相当美国式的道具，通过谁都不曾想象的形式，提出建筑民主化的可能性。

穹顶之梦

话题再回到富勒。节能多功能住宅的建造受到挫折之后，富勒的视角转向穹顶这一特殊结构的球体建筑。节能多功能穹顶（俗称"富勒球"）成为他实现建筑民主化的重要武器。他挣脱了住宅这一烦心事，开始思考更具自由的建筑民主化问题。

该如何去做，才能利用最少的物质制造出最大体积的空间？富勒的探究从这一自问开始。富勒用制成三角形、五角形、六角形等形状的小板材，运用数学理念探索球状空间的建造方式。在他的一生当中，他采用各种形态、各种材料的小板材设计了无数个富勒穹顶（图30）。

蒙特利尔博览会的美国展馆（图31）是他研究的一个巅峰。读卖新闻社的正力松太郎先生对富勒的才能十分赞赏，曾邀请富勒来日本。正力的梦想是建造一个雨天也能打棒球的室内球场，这个梦想在他去世后以东京DOME的形状得以实现，不过当初正力先生是想以富勒穹顶来实现的。结果，棒球场没能实现，替代它的是委托富勒设计的东京读卖乡村俱乐部（图32）。富勒以FRP材质的板材组合回应了正力先生的梦想。

就这样，富勒穹顶在世界各地以各种各样的形式实现，但我对此却怀有极大的不满。的确，那数学解析一般的结构令人瞠目结舌，仅用单一的小单元就能建造如此庞大之物的那股热情令人叹服。但是，从富勒的出发点，即从富勒的建筑民主化这一出发点来看，现实中的"富勒穹顶"已然渐行渐远。不知从何时开始，它已经成为大型建筑公司利用高端技术制作的夸张之物。于是，对"巨大穹顶"产生的不满逐渐演化为我的另一个设想，即外行人也可以利用雨伞进行组装的"小穹顶"。

雨伞的穹顶

把雨伞这种十分廉价的用品集合起来就能制作穹顶的话，就建筑民主化这一点而言，或许是划时代的设想吧。然而，将雨伞集合起来就真能成为穹顶吗？富勒精通数学，曾证明三角形、五角形、六角形可以形成穹顶状的球体，但多角形的雨伞如何组合才能成为球体呢？

我开始与结构设计师江尻先生一起研究。一个突发奇想成了关键，这就是

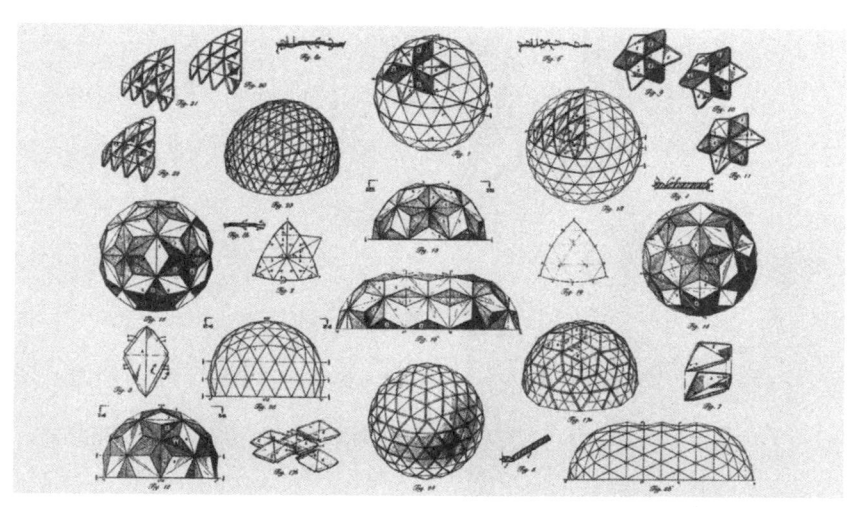

图 30　富勒的穹顶草案

图 31　蒙特利尔博览会的美国馆（理查德·巴克敏斯特·富勒，1967 年）

图 32　东京读卖乡村俱乐部（理查德·巴克敏斯特·富勒，1964 年）

图 33 在普通雨伞上加上三角形布料，形成"伞"的基本单元

在制成六角形的普通雨伞上加上几块多出来的三角形布料（图 33）。的确，若在平时你把它当作雨伞使用的话，那多余出来的三角形实在有些"奇妙"，但正是这个多余，一旦遭遇危难，即可形成一个球体，并发挥巨大的作用。将 15 人份的雨伞用防水拉链进行衔接，即可制成直径 5 米、高 3.6 米的穹顶。而那块三角形的"多余布料"在穹顶完成后还能发挥一扇可开可关的窗户的功能（图 34）。

图 34 可开可关的窗户

设计完成了。但另一个难题又冒了出来。我们找不到能够制作这种特殊雨伞的厂家。我们了解到，现在的雨伞几乎都是在中国生产的，日本已经没有生产雨伞的产业。最后，好不容易找到一位制作雨伞的工匠，饭田纯久先生。与其说饭田先生是工匠，不如称他为艺术家。饭田先生毕业于美术大学，之后以雨伞为题材，自己动手制作各种各样的美术作品，直至今日仍在继续。面对这种繁杂形态的雨伞制作，饭田先生竟痛快地应允。不过，所有雨伞都需要他一个人制作，因此时间非常紧迫。在我们不断地催

促下，15 把雨伞终于准备好了，我们选派了 15 名学生送到米兰，总算赶上了开幕式。

魔法的结构体

组装用了 6 个小时。如果熟练的话，应该还能再快一些吧。完成之后的雨伞穹顶要比想象的轻灵、透亮（图 35）。面料材质不是普通的尼龙，而是杜邦公司生产的名叫"Tyvek"（特卫强）的面料，它很像日本的和纸，透光且防水，这使得雨伞穹顶更加敞亮。轻灵的最大原因是伞架做得很细。直径为 6 毫米的钢丝架是直径达 5 米的穹顶的主要结构材料。按照通常的结构计算，支撑如此大小的穹顶支架尺寸不可能这么细。

图 35　出现在米兰的"洋伞"（2008 年）

江尻先生的构思令人叫绝，简直让我对雨伞刮目相看。江尻先生解释说，就结构而言，不仅雨伞的金属支架拥有结构上的意义，其实布料对强度的贡献也不容忽视。布料，不仅是十分柔软的材料，其张力也非常明显。原来雨伞最初在结构上就是利用了布料的张力来实现雨伞支架的细和整体的轻。是呀，从前打伞的时候我怎么就从未想到呢？

事实上，富勒也曾有过类似雨伞这样的构思。该如何利用物质，并以最小限物质，发挥其最大力学效果，这是富勒的关心所在。将物质作为张力材料使用，被看作效率的最大化，这是结构力学教给我们的。

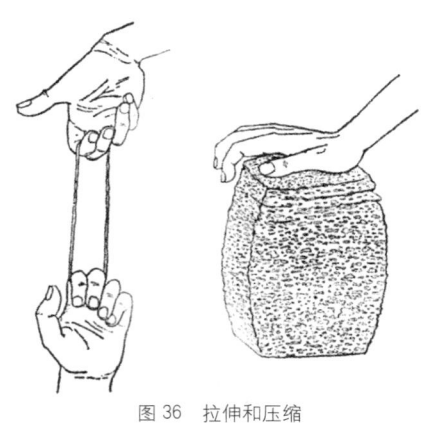

施加给物体的力，大致分为压缩、弯曲、拉伸（张力）三种（图36）。将石料层层叠加，即将石料这一物质作为承受压缩的材料使用。来自上方的重量施以足够压碎石头的力，与之抗衡的便是压缩力，即石头承载着压缩力。其次，架在柱子上的横梁，承受着弯曲的力，

图36 拉伸和压缩

横梁上负载的物体重量使得横梁发生弯曲。还有，用绳子将石头吊起来的时候，绳子承受着拉伸的力。相反，与欲拉伸扯断绳子的力进行抗衡的便是纤细的绳子。

物质大体可分为这三种力及与之相应的对抗力，那么如果要计算物质平均重量的承受力，最具效率的会是哪一种呢？与拉伸力对抗的绳子，其效率是最好的。绳子虽然很轻，但是很细的材料却能与几吨的拉伸力抗衡。若能很好地发现和利用这种张力，其魔法作用即可实现。

但是，若要拉伸就必须有一个坚实的对手。若想用绳子吊起石头，绳子就需要有一个足够坚实的支点。所谓张力，它是依存于某物的寄生性力量。只有张力，是无法构成世界的。

那么，与其他的力，例如与压缩力进行组合的话，张力就会骤然间发挥它的本领，呈现令人难以置信的坚实结构体。这与前面章节的"倚靠"是一样的。只要是完美的倚靠、"聪明的寄生"，就一定是最强的。

富勒的张拉整体（tensegrity）

富勒的这一结构学说——组合压缩力和拉伸力的方法——被称作"张拉整体结构"。他认为只有这个才是梦幻的建筑结构体系（图37）。所谓"张拉整体"一词是富勒的造词，即"张拉"（tensile）和"整体"（integrity）的缩写合并。不过，雨伞却早在富勒提出张拉整体之前就已经存在，况且它原本就是张拉整体结构。雨伞，即便看上去轻飘飘的，仍可抵御暴雨或强风。

更为有趣的是，这里说的雨伞只是洋伞，早先的日本和伞与中国的雨伞都是用纸做的，因张力作用于纸，伞面就会破损，最终只剩下伞架。从结果看，支撑的架构还是太粗了。

总之，利用雨伞建造的便携式临时住宅终于在"米兰三年展"的中庭建成了（图38）。轻灵、坚韧的薄膜材质、力传导的防水型塑料拉锁、制伞工匠的卓越技能——集所有这一切于一身，一个远比富勒穹顶轻灵、舒缓且毫不隐晦的"小建筑"诞生了。不过，相比雨伞穹顶实现的"小"，通过雨伞这一"很小的日用品"将微小的自我与巨大的世界相连，这才是它的真正意义所在。

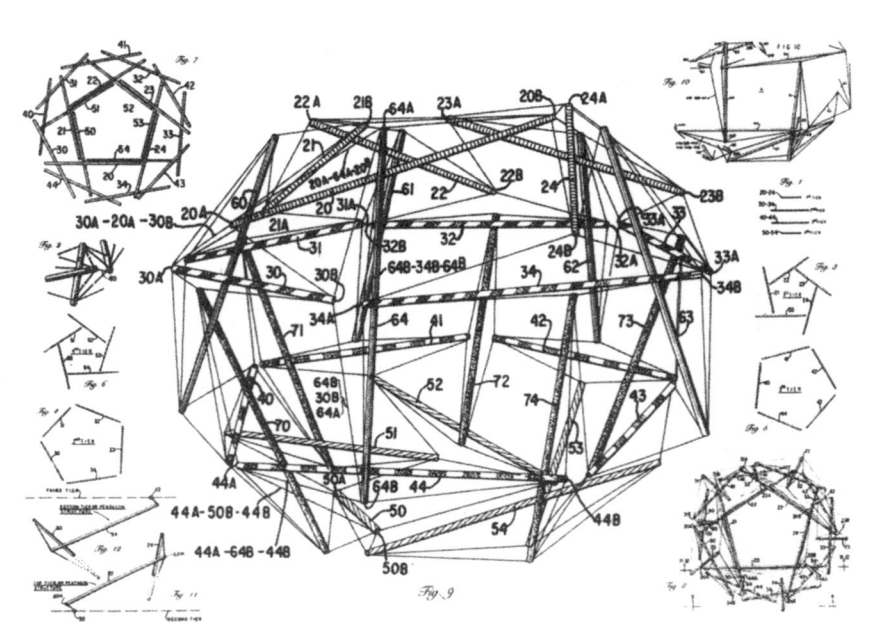

图 37　富勒的"张拉整体结构"解说图

图 38　夜晚的"洋伞"

膨　松

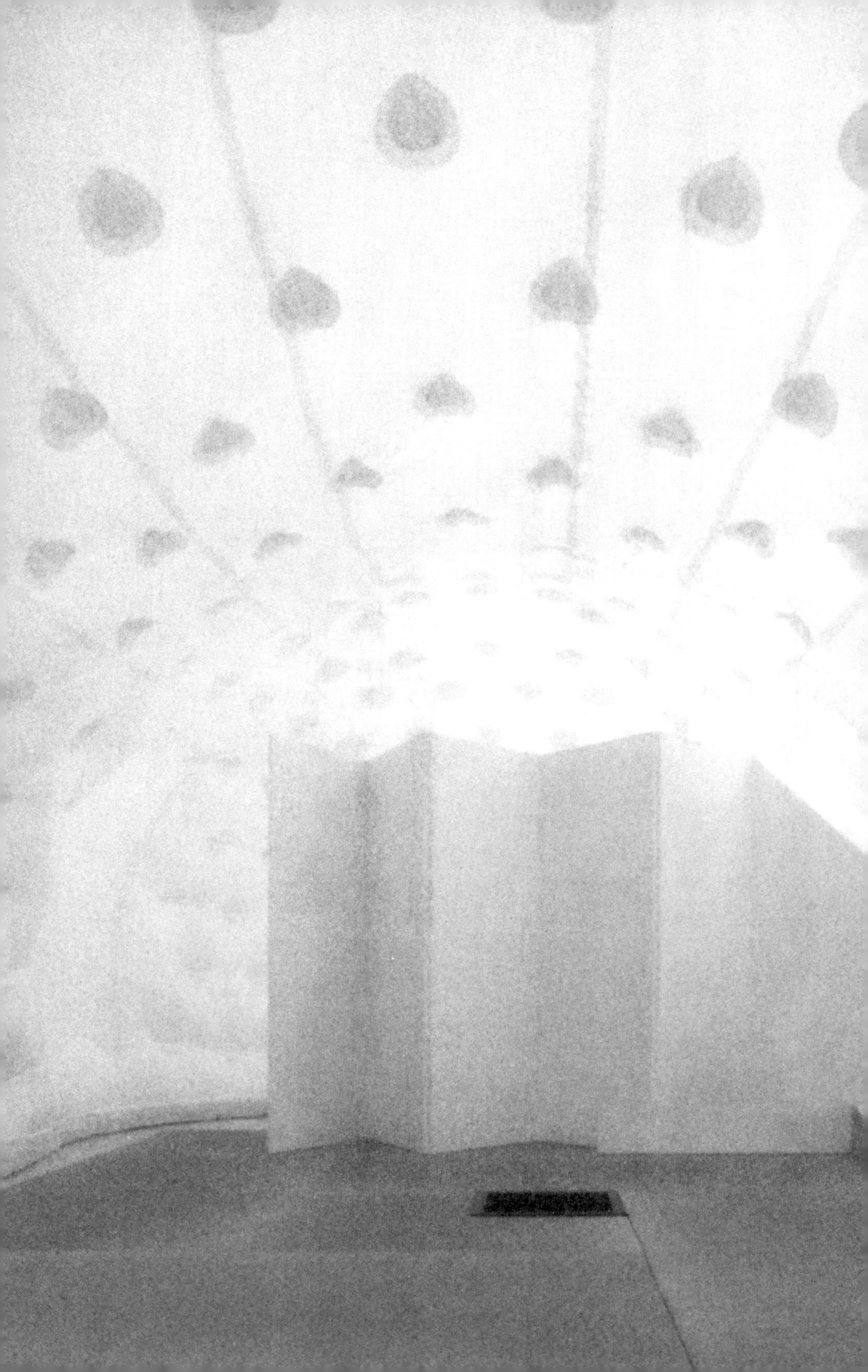

法兰克福的膨松茶室

法兰克福工艺美术馆

  法兰克福有一处被称作"河畔博物馆"的地方。沿莱茵河畔,由各类颇具个性的博物馆组成的一道道风景,恐怕在整个欧洲的河畔都算得上最令人印象深刻、最漂亮的。法兰克福是德国的金融中心,此处的这道风景却显得如此恬静,文化氛围延绵不断。

  在这些河畔博物馆当中,我最欣赏的是美国建筑家理查德·迈耶(Richard Meier)设计的法兰克福工艺美术馆(图1)。迈耶将勒·柯布西耶20世纪初叶创建的建筑语言通过更加简约、更加抽象化的表现形式,开创了他独特的建筑世界。迈耶有很多"白色"作品留给世界,而这座工艺美术馆应该算是他的代表作。

  在这片用地中,原本建有一座相当大的古老住宅,迈耶保留了它,以示对该住宅结构的最大敬意,同时在这古典结构之上完美地加入了他的新设计。要知道,对迈耶影响最大的勒·柯布西耶大师视历史为顽疾,认为摧毁历史才是成为前卫派的条件。但是,20世纪70年代的迈耶一边仿效勒·柯布西耶的造型技巧,一边十分坚定地选择了另一个方向。当你来到这里就会清晰地发现,20世纪初与20世纪末究竟发生了什么,因为在这里你可以看到"废弃"与"传

图1 法兰克福工艺美术馆（理查德·迈耶，1985年）

承"这两个不同主旋律的时代差异。

正因为保留的是座老宅，迈耶的这座为了避免给人阴冷印象而设计的雪白建筑让你领会到它是一个充满暖意的、令人心情愉悦的空间。让时间在这里重叠，这的确是一个让建筑重获丰满的案例。而营造这种愉悦的要素恰是这里整洁雅致的适度规模。这里保留了那栋"小建筑"的老宅，并另外建造了与老宅相同规模的三个"小箱体"，因此整个美术馆是以四个"小箱体"的集合体形态呈现的（图2）。在美术馆内，住宅本质所固有的那份与人类身躯相匹配的"小规模"随处可见，它能给你不同于其他美术馆的、充满人情味的温馨体验。

不可使用自然素材的茶室

在该美术馆的庭院内设计一款日式茶室，当我接到邀请时的确小小地兴奋了一把。不管怎么说，这毕竟是世界上我最喜欢的美术馆之一发出的一起工作的邀请，岂有不高兴之理？当时的馆长施耐德先生对日本文化相当了解，曾策划过不少日本美术或工艺展览。

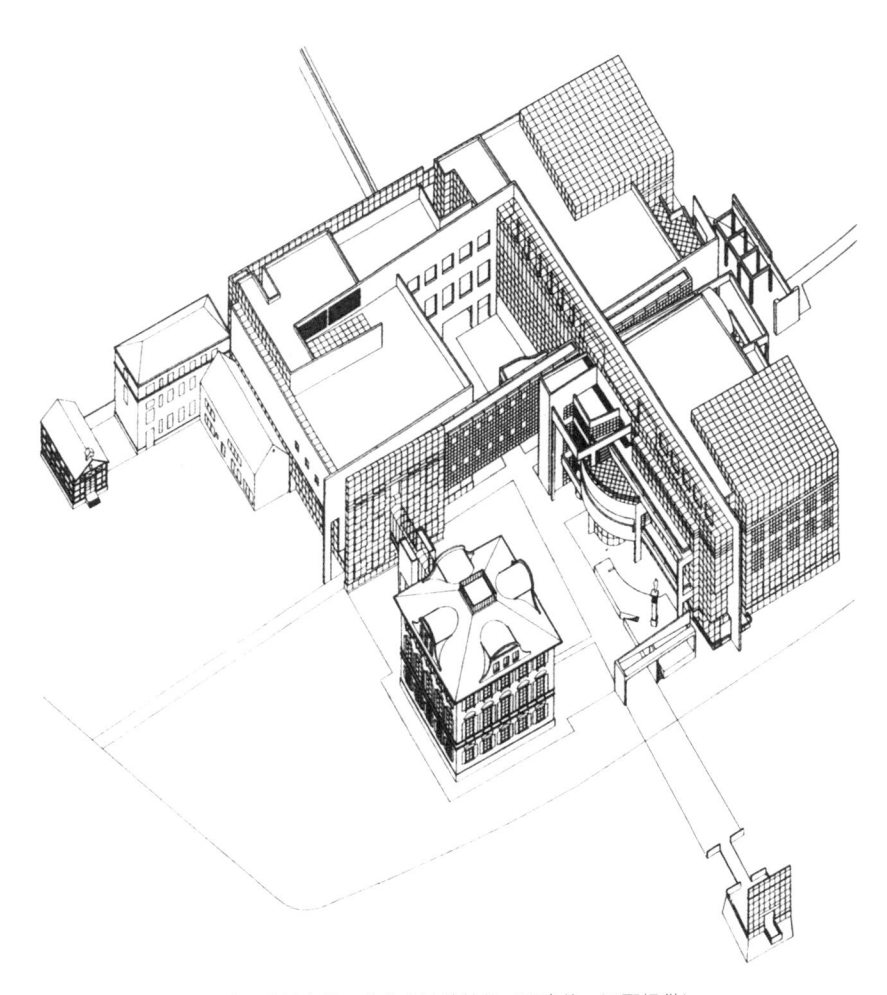

图 2　法兰克福工艺美术馆的结构（理查德·迈耶提供）

但是，没想到与施耐德先生的首次磋商就遭遇了"刁难"。起因是一句叮嘱："不可以使用诸如木料或泥土这类自然素材。"对方分明是委托我们在庭院修建一处茶室，那么己方自然会想到利用木料、泥土、纸张去设计一款柔美、温馨的建筑。我甚至莫名地想，是否应该向欧洲人宣传一下自然素材的好处呢？

然而，施耐德馆长从一开始就明言不可使用自然素材。我睁大眼睛问："为什么就不可以呢？""隈先生，很遗憾这里不是日本。德国的年轻人很粗鲁。如果用自然素材建造一个小小的茶室，我敢保证次日清晨它一定会变成一座废墟。"施耐德馆长甚至频繁使用了"vandalism"（野蛮行为，尤其是对艺术的野蛮行径）这个词。

既然对方已经说到这个份儿上，我还能说什么呢。没错，自然素材是脆弱的。但我还是想问，那究竟为什么要找我呢？他很清楚，日本的很多建筑家都擅长使用清水混凝土（装饰用混凝土）、钢板等。但为什么偏偏指定我，而且还不得使用自然素材，他到底什么意思呢？总之，那天我留下一句"请让我想一想吧"便告辞了。

坐在返回日本的飞机上，疑惑一直萦绕在我脑海。不使用自然素材的茶室，这可能吗？难道就这样轻易妥协，去设计一款清水混凝土的茶室？那么迄今为止我对自然素材的执着又算什么呢？到了成田机场，依然没有答案。也许，施耐德馆长看上去笑容可掬，实际上是一位敢于挑战未知的人吧。那么，"茶室究竟是什么？""自然素材又是什么？""当初追求的柔和又是什么呢？"诸如此类涉及事物本质的问题不断萦绕，就像修禅一样。或许这是在试探我们的能力，试探我们的思考深度？因为谁都知道，建在美术馆内的建筑，不该是简单搬入展厅的一个"箱子"，而应该是一件美术作品，它在期待建筑家的思考深度。即便不使用自然素材也一定可以做出美术作品，或许这就是馆长想要的挑战吧。

游走于安全性与开放性的夹缝之间

回到日本数日后，我突然想到一个答案。一个奇思妙想的创意，即只在使用时才膨胀起来、就像气球一样的茶室。因为茶室不会每天都被使用，所以我想不妨建一个只在使用时才让它膨胀起来的、彻头彻尾的临时性茶室。

说实话，这是一个近乎"自暴自弃"的提案。这也难怪，回顾一下自己的建筑作品，经常是从"自暴自弃"开始，然后迈出新的一步。此次，施耐德馆长想要的是"坚固的建筑"，而我的提案却针锋相对。"柔弱，再柔弱一些"，"就让它柔弱地彻底一些，即便过于柔弱，但只要它能在使用时出现、使用后瞬间消失，想必这样的茶室，谅那暴徒也无可奈何吧"。这回答简直有点儿戏弄人的感觉。馆长会不会暴怒？该不会怒斥道"你是否真的明白我要的是高度安全的茶室？"

然而仔细想一想，其实创建茶室的利休大师所处的同样也是一个高度关注安全性、动荡不安的时代。先后侍奉织田信长和丰臣秀吉的利休大师又何尝不是与乱世同行呢？利休大师设计的那间标志他美学巅峰的待庵，正是在丰臣秀吉讨伐明智光秀的那场山崎大战之后，利休大师跟随丰臣秀吉在山崎腹地短暂歇息之时为自己修建的茶室（图3）。

日本国宝待庵是一间以小而闻名于世的茶室。那只有两个榻榻米面积的极小空间，却不可思议地不给任何人带来压迫感。在为了获取开放感的空间设计上，

图3 待庵的壁龛（日本京都府山崎町，待庵内）

令人叹为观止的技巧就存在于这个"小建筑"之中。

既要求安全性又要求空间开放感，听起来像一对矛盾体。其实，当今很多建筑家都被这对立的要求来回撕扯着，因无法两全而备受煎熬。但实际上，当解开束缚个人的诸多枷锁来提升个体自由时，其结果反而会加深个体与个体之间的紧张关系，从而对安全性的要求愈来愈高。利休大师所处的时代就是这样的时代，我们所处的时代也是这样的时代。的确，自由的时代才是安全的时代，当世间的各种"边界"被打破，人们对安全性的要求自然也会迅速提升。我们和利休大师共有这样一个时代。

只关注表象，你满眼都是矛盾。而面对这类时代性难题，利休大师给出的答案是一个小且柔弱的建筑。这正是他的天才之处。

利休大师的"小"待庵

面对这纠结的状况，利休大师给出了被称作"草庵"的"小建筑"。所谓草庵，意思是田园风格的简陋小屋，用木质框架制作土墙，是那个时代用极一般技术建造的"小建筑"。但是，当我前往京都府山崎町参观待庵后发现，那土墙的家竟是意想不到的"轻盈、柔软"。各种精巧、前卫的机关装置汇集于这个小箱体之中，并实现了轻巧和开放感。若想品味这草庵，无论是图片还是照片都是根本不够的。只有在最大限度迫近身体的小箱之中坐下，才有可能体验到恰如衣衫轻柔包裹身躯的那个瞬间。

为了获得将厚重土墙奇迹般转换为轻薄衣衫的那个梦幻瞬间，利休大师在小箱体中嵌入了看似杂乱无章的各种超乎想象的细节。例如，用裸露的、隐蔽于土墙基座的竹编作为下地窗（图4）。通过省去底层抹灰、中层抹灰、表层抹灰这一修饰墙壁的老套做法，最终实现了厚度仅为5厘米的令人难以置信的薄壁。就算采用当今的技术，要实现这种极薄的墙壁恐怕也不容易。以壁挂式拉窗和单扇推拉窗的组合，实现了灵巧自在、甚至超越现代铝制窗框的采光开口设计（图5）。还有，被多数人忽略，甚至连我都是经西泽文隆先生指点才意识到的，隐藏在天井背后的弥次郎兵卫结构（图6）。根据弥次郎兵卫结构，原本应该存在的柱子消失了，箱体的封闭性达到了开放。通过这些精巧的细节和结构设计，利休大师实现了"看似封闭的小箱体实则开放、看似开放的茶室实则安全"这一奇迹。

回顾这段历史之后，设计法兰克福茶室的欲望被再次燃起。既然要在法兰

图4 看似裸露的作为墙壁支撑骨架的下地窗（待庵）

图5 由壁挂式拉窗和单扇推拉窗组合而成的、灵巧自在且采光绚丽的开口设计（待庵）

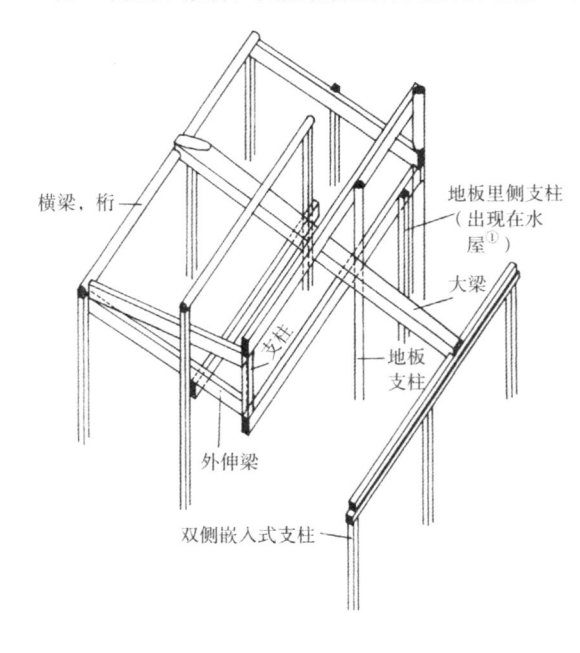

图6 西泽文隆先生绘图，弥次郎兵卫结构的框架（待庵）

横梁，桁
地板里侧支柱（出现在水屋①）
大梁
支柱
地板支柱
外伸梁
双侧嵌入式支柱

① 译者注：水屋，即茶室里清洗茶具、摆放茶具的地方。在神社等处是洗手的地方。

克福这样"严峻"的环境中建造茶室，那茶室就不该是传统意义上的茶室，而应该是承载着待庵的前卫精神，极富创新的茶室才对。

让空间回旋、舒展

膜建筑的三种形式

　　首先我们从膜建筑开始研究。建造膜建筑大致有三种方式。一种是立起坚固的支架，然后将膜覆盖上去的方式。将树干竖立好，再将毛毡等膜覆盖上去，这是游牧民的做法。最常见的是将三、四根支架彼此倚靠、加固的做法，这是此前阐述过的"倚靠"建筑的方法。

　　支架如果足够坚固，那么把膜覆盖上去就好，只要具备抵御风雨的功能，哪怕是像一块破布一样的膜也无所谓。但是，要注意一个问题。如果按照安全性较高的现代结构标准来设计的话，这种方式的支架就会太粗。结果，即便想用膜来建造一个如衣衫般飘逸的柔和茶室，也会由于支架的粗糙而让人无法感受膜具有的最重要的纤细度。室内设计最需要小心的就是，当你使用数个素材时，必须把握好材料彼此之间的均衡感。不然的话，一个空间里最强固的东西（在这里就是粗糙的支架）会无情地抹杀其他纤细的素材。也就是说，虽然用了膜一样的纤细素材，却被一根毫无品味的支架全部抹杀，那么付出的所有努力岂不可惜？

图7 上座的地板，地板柱子周围的"刮圆"（密庵）

为了避免这类危险并且获取空间的柔和感，数寄屋（茶室）建筑中采用了削薄柱子（即支架）根角部的方法。日语叫作"刮圆"（图7）。即通过雕琢使得柱子的棱角变柔和，也正是这一"小动作"让数寄屋建筑变得更加柔和。

但后来我们知道，对膜结构支架的粗细进行"刮圆"，简直就是不可能的事。因为现代要求的结构标准要远远高于利休大师那个时代。好吧，那么第二种方式的膜结构会如何呢？这是一种向密闭的膜里充气的方式。比如，就像人住在气球里那样。这与使用时再充气的临时建筑的创意十分吻合。

然而，在研讨的过程中，我们发现了一个致命的问题。只要有人进出，空气就会外泄，那么就必须用风机持续不断地充气。

类似东京DOME（也称"东京巨蛋"）的巨大DOME建筑（图8）多属于第二种方式。如果是体育场大小的DOME，整个DOME的充气量与人的进出所丢失的空气量相比，其外泄的空气量几乎可以忽略不

图8 东京DOME

计。此外，如果在 DOME 外部与内部之间设计一个隔风间的缓冲区域，还可以避免空气的外泄，因此不是问题。但此次的茶室本身只有隔风间大小，因此这个方式还是行不通。

双重膜支撑的建筑

苦思冥想的结果是第三种方式，即双重膜结构。将空气吹入两层膜的中间形成气压，使得双重膜本体可以自立（图 9）。由于人生活的内侧空间无需气压，因此出入时也没有所谓空气外泄，与是否漏气没有一点儿关系。第三种方式没有支架，就像一件蓬松的衣衫，好似可以整体移动的杂耍道具。由于两层膜中间的空气起到了隔热作用，甚至具有了无需空调的居住性。

但是，这种方式仍有令人担心的一面。充气膜结构，由于膜本身的缘故无论如何都会很厚重，因此会丢失柔和性。东京 DOME 也是如此，因膜过于厚重，所以没有人觉得它柔和。

带着忐忑的心情，我们开始

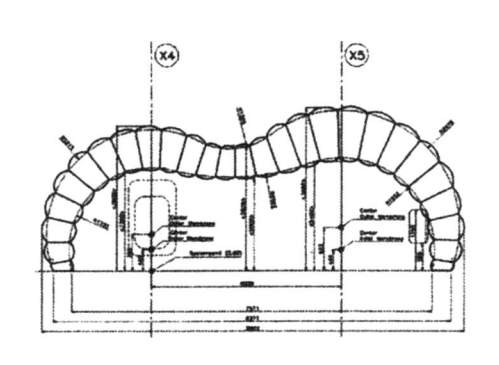

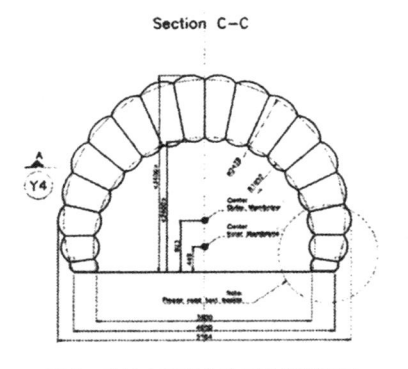

图 9 法兰克福茶室的双重膜剖面图

试做。膜的材料有多种多样。因为只在举办茶会时才膨胀、结束后就放掉空气，所以膜要耐得住几百次、上千次的伸缩。类似东京 DOME 那样的大型 DOME，通常使用带有特氟龙涂层的玻璃纤维布，其厚度为 0.8 毫米。这种材料具有足够的强度，但缺乏柔软性。毕竟玻璃纤维的原料是玻璃，原本就欠缺柔性。

就在困惑之时，我们发现了戈尔公司（W.L.Gore & Associates）开发的新材料 TENARA。由于新材料中没有添加玻璃纤维，可以进行数千次的伸缩，十分符合我们的要求。而且其厚度非常薄，仅为 0.38 毫米。此外，与不透明的 DOME 用膜材料不同，它是半透明的、纤细的。如果用它应该更贴近衣衫的柔性。或许我们可以大胆地说，这是待庵仅有 5 厘米极薄土墙的现代版吧。

茶室空间的双重性

其次，就是平面形状的设计了。从力学的角度讲，半球状的 DOME 是最稳定的。DOME 的形状就像倒扣的酒碗，如果将膜用于这种形状，对其结构是最有利的形态。然而，意想不到的是要在 DOME 的里面布置一个茶室，那是相当困难的。所谓茶室，是由日式客厅和水屋这两个性质完全不同的空间结合而成的，那么 DOME 即便可以收纳主客厅，也无法收纳水屋。

在日本，被指定为国宝的茶室只有三个。一个是之前提及的利休大师的作品待庵；另一个是织田有乐大师的作品，现在整体建筑已经搬移到犬山城内的如庵（图10）；还有就是位于京都紫野的临济宗名刹——大德寺龙光院的密庵（图11）。

以榻榻米的 4 叠半为标准，茶室按照 4 叠半以下为"小间"，4 叠半以上为"广间"来分类。这三处国宝都是"小间"，可谓名副其实的"小建筑"，但仔细

图 10　如庵（犬山城内）

图 11　密庵（大德寺龙光院）

端详他们的平面图就会发现，无论哪个茶室，除了宾客品茶的主客厅外，都备有一个服务空间几乎大小等同的附属水屋（图 12）。

作为服务一方的主人从水屋门进来，然后通过茶道门进入客厅，落座于火炉前。接受服务一方的宾客从"屈身门"进入客厅，在这里通过茶这一液体媒介与主人相会。两个主体分别从不同的地方、各自行进在不同的路径，最后交汇于一点，这种双重性正是其他空间所没有的、只有茶室空间才有的乐趣。

利休大师将茶室做得越来越小。但无论客厅有多小，水屋和客厅之间的这

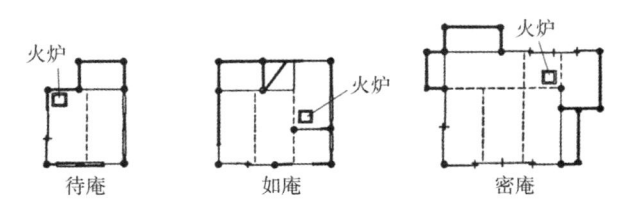

图 12　三个茶室的平面图

种双重性却始终存在。因为那里有茶室存在的秘密。即无论"小建筑"如何缩小，宾客与主人各自行进的路径依旧，无法统合。与此同时你却能感觉到，即便"很小"，但它与大千世界是相连的。

待庵的水屋

我能感觉到这里藏匿着日本式空间的秘密。一直以来，西方建筑以主人空间与佣人空间的等级划分来维系。在西方，主人的空间占据着建筑的核心，不仅天花板高，设计密度也很大，而周边环绕的佣人空间封闭，天花板低矮，两种空间构成一种阶层意识。这一拥有核心与边缘的秩序，投影在各自不同的空间规模、设计和品质上。主人的空间被定义为"大空间"，佣人的空间则是"小空间"。不仅限于建筑，在西方，世界被赋予阶层，按等级制度被划分为"大空间"和"小空间"。在西方人眼里，所谓世界是一个序列，是分大小的。

但是，在茶室里没有序列之分。宾客的空间和用于服务的空间与主从、大小毫无关系。这里没有等级之分。在茶室，宾客的空间经常会更小一些、更暗淡一些。而用于服务的水屋，为了确保它的功能却不会那么暗淡。等级在这里出现逆转，序列发生了倒置。客与主的空间恰如道教对宇宙原理阐述的阴阳太极图（图13），相互攻防、相互交融且不断运转。

在待庵的水屋中有一处令人回味的空间。若看过三处国宝级的茶室就会知道，如庵和密庵的水屋里都会设置一个竹制条格板的茶盉，从而呈现水屋的样子。但是，在待庵的设计图中你却找不到一处像水屋的地方，就连竹制条格板也没有。图中有一处名曰"胜手"（译者注：类似厨房的地方）的空间，角落吊着一个三层的竹制搁板，上段搁板放置水壶，下端搁板放置茶盉，以此作为水屋来使用。搁板架旁边的柱子上端被截断，充满了令人畏惧的紧张感。我从这三层搁板推测，对利休大师而言，水屋既不是厨房也不是什么做准备的场所，其重要性完全不亚于沏茶空间。

图13 阴阳太极图

通用空间

茶室和水屋之间的关系并非现代建筑所追求的均质空间，当然这里也没有西方传统意义上的等级制度结构。20世纪兴起的建筑运动以排除空间上的等级为目的。这如同政治上倡导的全民平等以及否定权力等级制，开始否定所谓主、从这一空间等级制度。人们开始追求没有墙壁作为界限的、透明且连续的一体空间。近代建筑运动的先驱密斯·凡·德·罗将排除等级

图14 玻璃墙体的摩天大楼方案（密斯·凡·德·罗，1922年）。密斯在这里展示了20世纪的通用空间原型

制度的空间称为通用空间（图 14），并做了诸多将住宅或写字楼尽可能贴近通用空间的尝试。

后现代主义

但是，20 世纪 70 年代出现了一股反潮流。美国建筑家路易斯·康[①]（Louis Isadore Kahn）主张，原本人类就不可能生存在一个均质的通用空间中。路易斯·康认为，空间必须存在可成为核心的、接受服务的主人空间和提供服务的配角空间这一序列。他否定了后现代建筑运动的大前提。

20 世纪 70 年代，在越南战争惨败之后，20 世纪的美国式文明迎来了一个巨大的转机。在这清新的氛围中，路易斯·康对 20 世纪美国的"大建筑"提出了批评。路易斯·康曾说"在横梁下，人类无法安睡"。面对这种水平扩张的均质巨大空间，路易斯·康用一句话给予了否定。取代巨大且均一的空间，路易斯·康又重新回归等级制度的古典式空间。

路易斯·康的所作所为是对美国的一种批判。密斯·凡·德·罗提倡的通用空间对 20 世纪的美国式工业社会而言，简直就是量身定做。在 20 世纪，无论是工厂还是写字楼、住宅，水平扩张的巨大空间的确是美国所追求的目标。而将这巨大空间按照需求进行空间划分恰是工业化社会追求的合理与高效。所以说，这种水平扩张的巨大空间经过层层叠加创建的高密度、高效城市恰是 20 世纪美国式文明的本质。宽敞且均质的区域通过无止境的层层叠加之后，终于造就了"摩天大厦"这

---

① 路易斯·康（Louis Isadore Kahn，1901 年～1974 年），生于爱沙尼亚的美国建筑家。主要作品有耶鲁大学艺术画廊、萨克生物研究所、肯贝尔艺术博物馆等。

一"大建筑"。20 世纪的美国发明了这种高效的"大建筑",并扩散到全球。

出生于爱沙尼亚移民家庭的贫苦孩子路易斯·康,无论其成长过程还是复杂的私生活,总之他在 20 世纪的美国算得上特立独行的人物。一方面,引领二战后美国建筑界的无疑是起源于德国、包豪斯运动的领军人物沃尔特·格罗皮乌斯[①]所率领的包豪斯大学建筑系。以包豪斯的精英为核心,将密斯流派的通用空间"大建筑"推广到全世界。

另一方面,路易斯·康就读于素有"美国京都"之称的费城的宾夕法尼亚大学,师从法国人保罗·克瑞(Paul Philippe Cret),接受了巴黎美术学院派(École des Beaux-Arts)的古典建筑教育。在 20 世纪的美国,巴黎美术学院派被看作落后于时代的、传授古希腊古罗马风格古典建筑样式的法国皇家建筑学校。就是这位继承了如此陈腐传统的路易斯·康对 20 世纪的美国提出了批判。以路易斯·康的批判为契机,20 世纪 80 年代出现了所谓后现代主义的回归传统运动。

是的,也许人类无法在横梁之下安睡,也许人类无法生存于均质空间之中。但即便如此,人类也无须再次回到路易斯·康所提倡的古希腊、古罗马风格的古典时代吧,没有必要回到所谓的主从序列吧。这就是我,既不是美国人也不是欧洲人一直以来想要追问的。

回旋的建筑

就在这疑问纠缠不休令我烦恼之时,茶室与水屋相互交错的回旋型结构让

[①] 沃尔特·格罗皮乌斯(Walter Adolph Georg Gropius,1883 年~1969 年),德国建筑家。设计过包豪斯校舍等,后移居美国。

我突然意识到其中的妙趣所在。这里既没有序列也没有均质，一个持续的回旋，主人与宾客这两个主体以茶碗这一小小器皿中的液体为轴心不断回旋，这一状态竟是那么有趣。

法兰克福的膨松茶室，让我们在探究回旋原理的过程中收获了花生的平面形状。客厅与水屋就像花生壳中的两粒果实，在对等中共存。人在其中，时而出演主人，时而出演宾客。而决定角色的是偶然，是时间。主人与宾客这两个空间，虽然置于瓶颈的两端却彼此相连；于一体化中彼此各为他物，于对等之中彼此各为异质。引入回旋的原理，或者说引进彼此功能转换这一时间要素，那"小建筑"忽然之间与大千世界结合，将世界揽入怀中并开始回旋。

日本人不只单纯追求"小"，也不只单纯将世界微缩。他们还试图给世界嵌入一个回旋的轴，通过时间将自己与世界相连。以时间为媒介，试图将整个世界装入"小建筑"。

于是乎，在莱茵河畔的工艺美术馆里，一个半透明的花生体在瞬间出现，又在瞬间消失（图15）。庭院中隆起的土丘便是茶室的用地。从前，河畔两旁排列着很多大住宅，家家的庭院中都会堆起这样的土丘，人们站在土丘之上欢快地眺望莱茵河。那土丘便是拉近人与自然的奇妙之手。如今这土丘之上，安放了一个以另类形式出现的、拉近人与自然的白色花生体。

花生体的末端开了一个60厘米见方的拉链式舱门，用茶室术语说就是"屈身门"。当你带着"入口居然如此窄小"的思绪屈身进入茶室后，就会发现茶室比你想象的更加明亮、开放（图16）。那薄而柔软的TENARA新型材料制成的膜给人的感觉就像衣衫一样。外膜和内膜用相距60厘米的纽扣连接

图 15　法兰克福的膨松茶室（2007 年）

图 16　在法兰克福茶室举办茶会

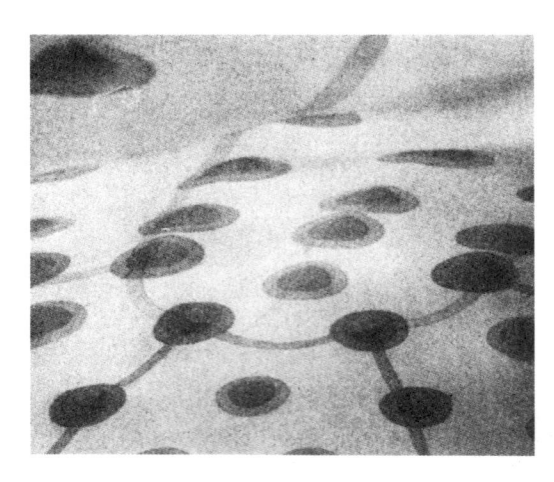

图 17 将外侧膜和内侧膜连在一起的纽扣

（图 17）。为了让纽扣与膜表面更好地连接，衬布在膜表面上设计成点状，看上去整体就像一个巨大的高尔夫球。由于膜很薄，你可透过膜看到纽扣。

敞开的洞窟

这纽扣就像待庵的下地窗的现代版。法兰克福茶室与待庵之间的另一个相似点就是"面"。如果仔细观看待庵壁龛的墙壁拐角（图 18），你会发现那是一个曲面的区域。

因为是洞窟一样的地方，这一设计被称为"洞式壁龛"（日语：洞床）。这种洞窟式设计是为了让人觉得土墙这一厚重、坚固的存在也可以宛如布匹一样柔软、亲切。当人类无助之时，那曲面的地方即可如衣衫一样保护弱小的身躯，给予你温柔的包裹。

法兰克福的茶室，那花生形状的曲面同样是圆圆的、柔软的。就像洞式壁龛那样将身体温柔地包裹。至少，织物相比泥土要温柔亲切得多。

图 18　壁龛的土墙拐角（待庵）

诸多劳作的结果，那本该是"小建筑"的世界被打开了。因它的双重性、因它的回旋和曲面，一个看似微小实则巨大、看似封闭实则开放的世界展现在我们眼前。就这样，"小建筑"得以连接大世界，微小的身躯与大千世界得以再次相连。尽管很"小"但与世界相连。这就是我想告诉人们的，仅此而已。

后　记

坦率地讲，每次设计"大建筑"我都会有一种内心难以得到满足的感觉。因为我们总会纠缠于各类人之中，总会纠缠于公司、资金、各种繁杂的法律或制度之中，中途究竟会遇到什么总是让人无所适从。我实在太想从这种压抑中摆脱出去，只想收集一下自己设计的、获得人们认可的"小建筑"，把它们编辑成书。一种比住宅还要小的、就像街亭那样的，或者就像小吃店一样的建筑。

刚刚提笔写作，便发生了"3·11"东日本大地震。这让我开始思索"3·11"大地震到底意味着什么，"3·11"大地震或许就是上苍对"大建筑"的惩罚吧，这是我左思右想得到的结果。为了达到"大建筑"的目的，与自然环境和条件毫不相融的建筑甚至延伸到了海边。为了建造"大建筑"需要电力，需要核能发电，我认为这恰恰显露出一种对大自然的"无理取闹"。所以，我认为大地震恰是自然界给予我们所追捧的"大建筑"体系的惩罚。

依照这一思路，迄今为止的建筑史看上去是那么异样。原本我想描写《小建筑》给人们带来的愉悦，结果不知从何时开始，竟变成以小建筑为原点"改写"的建筑史了，接下来便有了这本书。

也许就是这个缘故吧，此书花费了很长时间。由于我的"拖延"，岩波书店的千叶克彦先生自始至终都在陪伴我，我工作室的稻叶麻里子小姐帮我收集、整理了《小建筑》一书所需的琐碎但庞大的信息。当然，他们付出的忍耐和耗费的精力绝非"小小的一点"，借此机会我应该给予他们一个"大大"的感谢才是。

图表出处，照片摄影者一览表

前　言

　　图 10-12：《建筑 20 世纪》I，II（新建筑社）；图 13：www.taipei-101.com.tw；图 14：www.burikhalifa.ae；图 15：东京都《东京百年史》第 3 卷

积　垒

　　图 3，8-10，12-15：隈研吾建筑城市设计事务所；图 11：Beatriz Colomina《作为大众传媒的近代建筑》（鹿岛出版社）

倚　靠

　　图 1：Mario G.Salvadori（M.G. 萨瓦多里）《建筑是怎样建起来的呢？》（鹿岛出版社）；图 3：枝川裕一郎 *Japanese Identities*（鹿岛出版社）；图 7：S. 波拉德《近代建筑的历程——雨果·哈林（Hugo Haring）》（A+U 出版社），No.187；图 8：《建筑 20 世纪》（新建筑社）；图 9，10，15，16，20，21，23-26，29-30：隈研吾建筑城市设计事务所；图 13：Peppe Maisto；图 27：

西川公朗；图 31：山岸刚

编　织

图 1：www.semperoper.de；图 2：Kenneth（Brian）Frampton《建构文化研究》（TOTO 出版社）；图 3，5，6，18，24-26，33：隈研吾建筑城市设计事务所；图 7-9：阿野太一；图 10：内田祥哉《日本传统建筑的结构法》（市ヶ谷出版社）；图 11：藤冈通夫他《建筑史（增补改版）》（市ヶ谷出版社）；图 12，17，29：《建筑 20 世纪》（新建筑社）；图 14，16：西川公朗；图 19-21：Marco Introini；图 30，37：K. M. Hays and D. Miller eds, Buckminster Fuller; Starting with the Universe, Whitney Museum of American Art；图 32：www.japan-architect.co.jp；图 34，35，38：Yoshikawa Nishikawa；图 36：《建筑是怎样建造的》（新建筑社）

膨　松

图 1：铃木博之他《近代建筑史》（市ヶ谷出版社）；图 2：Richard

Meier Architect，Rizzoli；图 3，11，12：《建筑史 (增补改版)》（市ヶ谷出版社）；图 4-7，18，19：西泽文隆《日本名建筑的美》（讲谈社）；图 8：斋藤公男《空间、结构、物语》（彰国社）；图 9，15-17：隈研吾建筑城市设计事务所；图 10：《日本传统建筑的结构法》（市ヶ谷出版社）；图 14：《建筑 20 世纪》（新建筑社）

图书在版编目（CIP）数据

小建筑 /〔日〕隈研吾著；李达章译. —— 济南：山东人民出版社，2017.7
ISBN 978-7-209-10155-4

Ⅰ．小… Ⅱ．①隈… ②李… Ⅲ．建筑设计－研究 Ⅳ．TU2

中国版本图书馆CIP数据核字(2016)第278771号

CHIISANA KENCHIKU
by Kengo Kuma
© 2013 by Kengo Kuma
First published 2013 by Iwanami Shoten, Publishers, Tokyo.
This simplified Chinese edition published 2017
by Shandong People's Publishing House, Jinan
by arrangement with the proprietor c/o Iwanami Shoten, Publishers, Tokyo

山东省版权局著作权合同登记号　图字：15-2013-191

责任编辑：王海涛

小建筑

隈研吾　著　李达章　译

主管部门　山东出版传媒股份有限公司
出版发行　山东人民出版社
社　　址　济南市胜利大街39号
邮　　编　250001
电　　话　总编室（0531）82098914
　　　　　市场部（0531）82098027
网　　址　http://www.sd-book.com.cn
印　　装　北京图文天地制版印刷有限公司
经　　销　新华书店

规　　格　16开（155mm×228mm）
印　　张　11
字　　数　190千字
版　　次　2017年7月第1版
印　　次　2017年7月第1次
ISBN 978-7-209-10155-4
定　　价　48.00元

如有印装质量问题，请与出版社总编室联系调换。